浙江省普通高校"十三五"新形态教材　　高等院校儿童动漫系列教材

浙江师范大学重点教材建设资助项目

儿童产品包装设计

任佳盈　编著

电子工业出版社·

Publishing House of Electronics Industry

北京·BEIJING

内 容 简 介

随着人们对物质文化生活要求的不断提高，产品的品质和形象受到了消费者越来越多的关注。作为产品的重要附件和增值部分，以及最初呈现在消费者面前的产品形象的代表，包装给了人们关于产品的重要的第一印象。因此，在第一时间赢得消费者的好感，是包装设计的重中之重。从某种角度来说，包装甚至具有决定产品命运的重要性。作为儿童产品包装的设计师，我们不仅要考虑到儿童的思维特征与审美特点，还要考虑到他们生活经历少、受教育程度浅，以及渗透着父母们喜好的局限性。所以，儿童产品包装设计在多个方面都具有区别于其他包装设计的特征，在表现形式、表现内容与表现技巧上，均具有独特性，我们需要仔细研究、琢磨。

本书理论结合实例、图文并茂，通过条理清晰、逐层深入的结构，对儿童产品包装的设计原理进行了系统性的讲解，并辅以实践性的指导。本书选取大量国内外设计师和设计机构的当代儿童产品包装设计进行展示，并分享浙江师范大学儿童发展与教育学院课程中优秀的儿童产品包装设计作品，对其进行深入分析与点评，做到了学术性和实用性相结合，具有很强的可借鉴性，使读者能直接从中汲取灵感，释放无限创造力。

图书在版编目（CIP）数据

儿童产品包装设计 / 任佳盈编著. -- 北京：电子

工业出版社，2024. 6. -- ISBN 978-7-121-48180-2

Ⅰ．TB482

中国国家版本馆 CIP 数据核字第 2024U57L76 号

责任编辑：孟　宇
印　　刷：天津市银博印刷集团有限公司
装　　订：天津市银博印刷集团有限公司
出版发行：电子工业出版社
　　　　　北京市海淀区万寿路 173 信箱　　　邮编：100036
开　　本：787×1092　　1/16　　印张：12.25　　字数：268 千字
版　　次：2024 年 6 月第 1 版
印　　次：2024 年 6 月第 1 次印刷
定　　价：79.80 元

凡所购买电子工业出版社图书有缺损问题，请向购买书店调换。若书店售缺，请与本社发行部联系，联系及邮购电话：(010)88254888，88258888。

质量投诉请发邮件至 zlts@phei.com.cn，盗版侵权举报请发邮件至 dbqq@phei.com.cn。

本书咨询联系方式：mengyu@phei.com.cn。

"高等院校儿童动漫系列教材"
编委会成员名单

"高等院校儿童动漫系列教材"聘请多名相关专业领域的知名理论和技术专家、教授，并联合全国主要师范院校的动漫（动画、玩具、数媒专业）教学骨干教师成立教材编写委员会。编委会成员名单如下。

荣誉主编

朱明健（教授，武汉理工大学，教育部动画与数媒专业教指委副主任）

秦金亮（教授，浙江师范大学，中国学前教育研究会副会长）

主编

朱宗顺（教授，浙江师范大学儿童发展与教育学院）

张益文（副教授，浙江师范大学儿童发展与教育学院动画系）

周　平（副教授，浙江师范大学儿童发展与教育学院动画系）

副主编

严　晨（教授，北京印刷学院新媒体学院院长，教育部动画与数媒专业教指委委员）

王　晶（浙江师范大学儿童发展与教育学院动画系主任）

房　杰（浙江师范大学儿童发展与教育学院动画系副主任）

何玉龙（浙江师范大学儿童发展与教育学院玩具专业主任）

编委会成员

林志民（教授，浙江师范大学儿童发展与教育学院动画系）

周　越（教授，南京信息工程学院，教育部动画与数媒专业教指委委员）

周　艳（教授，武汉理工大学，教育部动画与数媒专业教指委委员）

盛　瑨（教授，南京艺术学院传媒学院副院长）

徐育中（教授，浙江工业大学动画系主任）

曾奇琦（副教授，浙江科技学院动画系主任）

阮渭平（副教授，衢州学院艺术设计系主任）

赵　含（副教授，湖北工程学院动画玩具系负责人）

袁　喆（讲师，浙江师范大学行知学院设计艺术学院产品设计专业）

李　方（副教授，苏州工艺美术职业技术学院工业设计系负责人）

白艳维（宁波幼儿师范高等专科学校动画与玩具系负责人）

胡碧升（杭州贝玛教育科技有限公司高级玩具设计师）

杨尚进（杭州小看大教育科技有限公司高级玩具设计师）

郑红伟（浙江师范大学儿童发展与教育学院动画专业教师）

王　婍（浙江师范大学儿童发展与教育学院动画专业教师）

周　巍（浙江师范大学儿童发展与教育学院动画专业教师）

任佳盈（浙江师范大学儿童发展与教育学院玩具专业教师）

陈雪芳（浙江师范大学儿童发展与教育学院玩具专业教师）

邱　波（浙江师范大学儿童发展与教育学院动画专业教师）

陈涤尘（浙江师范大学儿童发展与教育学院动画专业教师）

陈丽岚（浙江师范大学儿童发展与教育学院动画专业教师）

翁云云（浙江师范大学儿童发展与教育学院玩具专业教师）

朱毅康（浙江师范大学儿童发展与教育学院玩具专业教师）

陈　征（浙江师范大学儿童发展与教育学院玩具专业教师）

陈珊珊（浙江师范大学儿童发展与教育学院玩具专业教师）

总　序

　　动漫作为一种颇具蓬勃活力的新兴文化与艺术传播形式，在当今时代中发展迅速，有着非常高的受众群体覆盖率和社会普及度。提高动漫载体的文化素养，启迪艺术动漫的高尚审美表达，拓展动漫技术的深度及广度，是动漫教育需要解决的几个关键问题。而系统性动漫教材是动漫人才教育和培养中不可缺失的一环，目前全国高等院校动画专业的建设中已累积了一些形式多样的通用型动漫类教材，且有着长足的发展与进步。然而关于动漫的主要受众群体——儿童的需求，各高等院校在人才培养方案及教材建设中却鲜有涉及，特别是开设动画专业的高等师范院校，它们对培养具有"儿童特色"动漫人才的系统性动漫教材的需求尤为迫切。

　　随着动漫产业链的快速发展，一方面，儿童动画占据了动漫影视的大半壁江山，儿童玩具行业的发展也非常迅速；另一方面，儿童动画的研究及人才培养却比较薄弱，并且服务于儿童玩具设计与制造的人才也普遍缺乏儿童视角的熏陶。更重要的是，动画和玩具分属不同的学科专业，不能整合回应儿童的需求。由于各高等院校一直以来没能很好地引入儿童生态式的艺术教育理念，缺乏对儿童群体的深入研究，同时儿童玩具设计也没能很好地向"动漫衍生产品设计"方向转换，依靠现有通用的人才培养体系，各高等院校并不具备输出复合型儿童动画和儿童玩具高端设计人才的能力。因此，如何解决儿童动画艺术创作、儿童玩具设计、儿童玩具制造人才缺乏的瓶颈，既是动漫行业面临的问题，又是动漫教育需要应对的挑战。

　　在目前国家大力倡导新文科建设、推崇学科交叉融合的背景下，儿童动画和儿童玩具设计融合发展既给新型专业建设带来巨大的想象空间，又成了助力儿童健康成长的必然选择。

　　浙江师范大学儿童发展与教育学院动画专业经过 10 余年的前期专业建设和教学资源储备，形成了鲜明的"儿童动画"专业特色；学院在开设儿童动画专业之初，便秉持"一切为儿童"的办学理念，依托学院早期儿童发展与教育优势学科，始终立足于打造"儿童动画"专业特色，现该专业已成为学院聚焦儿童专业群的重要组成部分，也是学院专业建设特色的亮点。同时，学院在专业设置上增加了"儿童动漫衍生产品设计"的内容，探索在儿童动画和儿童玩具设计融合发展的道路，也使专业建设具备较强的动漫大类多学科融合发展优势。在教师与科研团队的配置上，除了儿童动画与儿童玩具设计专业教师，学院还配备了儿童文学与艺术、儿童语言与行为研究、儿童认知与技术标准、动漫材料与工程设计等团队，充分体现了多学科融合发展的新时代特色。正是在与"儿童学"研究相结合的专业建设背景下，学院产出了一批较有影响力的教学科研成果，取得了良好的社会效益。本套系列教材就是在多年积累与酝酿基础上的教学成果的集成与体现。

编委会根据前述教材编写背景与实际教学需求，规划出本套系列教材，与其他国内外同类教材相比较，本套系列教材具备以下 4 个方面的特点。

一、目标指向明确，突出儿童特色

一方面，本套系列教材的目标读者是高等院校动漫类专业的学生。高等院校动画专业教材，尤其是高等师范院校动漫类专业教材，应明确聚焦于儿童动画与儿童发展理念的深度结合，突出儿童特色。对此，本套系列教材编写团队充分认识儿童的身心特点、认知发展规律，并充分利用院校与中小学、实验幼儿园和特殊学校的实践平台，通过实习实践、联合教学科研项目等方式，将教学研究成果在儿童群体中进行检验和校正；同时，关注和重视最新儿童学研究成果的吸收和转化，并将其引入动漫课堂与教材编写中，以真正设计出面向儿童发展、目标明确、科学合理的高等院校教材。另一方面，本套系列教材编写团队能够充分融通早期儿童发展与儿童动画、儿童玩具设计创作新理念，在完整的儿童发展与教育理论基础上，吸收新型科学技术转换成果，以动漫文化产业链为线索，整合儿童动画与儿童玩具设计集群优势，打造真正基于儿童发展理念的动漫类专业系列教材。

教育革新的背景是产业结构的升级换代，儿童动画与儿童玩具行业都经历了从代工生产向自主知识产权发展的转变，高等教育培养目标的重心也从培养生产型人才转向培养文化创意型人才。如果固守通用型动漫人才培养模式，忽视对动漫主要受众群体的研究，那么培养兼具创意及营销能力的高端人才也就成了空中楼阁。我国的儿童动画玩具作品与欧美的优秀儿童动画玩具作品相比，真正拉开差距之处在于对原创性儿童文化内容的深入挖掘与创意表达。随着产业升级和对儿童群体研究的深入，传统的以造型设计和生产制造为主的动漫人才培养模式已不再符合时代的需求。本套系列教材旨在打造理解儿童发展的基本理念，深谙动漫文化产品受众的特性与市场规律，具备文理交叉知识，懂得新技术、新理念的复合型动漫文化创意人才培养体系。

二、规划强调动漫大类交叉融合，与新文科建设相契合

在前期整体规划阶段，编写团队通过查阅和分析国内外现有动漫类教材的框架、体系结构，结合教育部提出的新文科建设理念，明确了本套系列教材的编写更强调动漫大类相关学科、专业之间的交叉与融合。

其中，一个关键点是通过强调"儿童动漫衍生产品"的概念，引入儿童玩具设计方向的教学内容，打破儿童动画与儿童玩具固有的专业和行业壁垒，尝试再造新型教学流程和教学体系。当前，很大一部分的大型玩具公司都通过动画形象 IP 来开发其玩具的衍生产品。从专业技术角度来看，动画设计从角色造型设计、动作表演，到逐格动画人偶与场景的制作，再到后续动漫衍生产品的设计和开发，都与玩具的设计、材料、工艺紧密关联。如果能在一个课程系

统中解决从儿童动画到儿童玩具艺术与技术转换的诸多问题，将完美贴合产业链条的真实需求，打造更科学、精准的人才培养体系，同时也符合动漫大类体系中完整产业链的特征。

更为重要的是，服务于儿童成长的动漫大类体系中理应有着对儿童发展与教育的深刻理解，这也正是浙江师范大学儿童发展与教育学院动画专业的优势所在。在新文科建设背景下，本套系列教材从专业建设角度考察儿童动画与动漫衍生产品的交叉融合，以及儿童动画、儿童玩具和学前教育、特殊教育的融合，研究其为适应时代发展做出的改变与创新，鲜明体现新一轮科技、产业与学科专业变革的需求。

三、充分发挥校企合作优势，构建新形态教材大数据资源库

浙江师范大学儿童发展与教育学院动画专业位于动漫产业蓬勃发展的省会城市——杭州，在与高新技术接轨方面具有明显的优势。在多年来的专业建设中，编写团队已与行业内多家知名动画和玩具企业建立了长期的校企合作关系，编写团队的核心成员与企业开展基于真实儿童动画玩具项目的联合教学，共同积累了一批与专业课程相关的实用型素材和一定规模的大数据资源库。与此同时，编写团队中也不乏曾就职于迪士尼、华强方特等知名动画和玩具企业的双师型教师，行业中的专业技术人才，具有丰富设计经验的开发人员。因此，本套系列教材体现了校企融合的理念，不仅可以作为相关专业学生的教材，也可以作为相关行业从业人员的指导书。

随着科学技术尤其是互联网技术的迅猛发展，传统纸质教材已经难以满足现代教育的需求。与传统纸质教材相比，编写团队打造的这套纸质教材与数字化资源一体化的新形态教材具有以下优势：能够充分反映课堂教学模式及学习方式的变化，强化儿童动画和儿童玩具课程中的流媒体演示与三维设计立体呈现优势；通过整理和创建实用型案例和大数据资源库，以及教材使用中保存的过程性学习材料，收集学生终端数据并及时反馈，新形态教材更具灵活性和延展性，给相关专业学生和行业从业人员带来崭新、高效的学习体验。

四、增强系列教材的针对性，填补通用型动漫教材的结构短板

与国内外同类动漫教材相比，本套系列教材既面向高等院校动画专业，也更加贴合高等师范院校动漫类专业的教学需求，具有较强的针对性。国内市场上的动漫教材虽然多以系列教材方式呈现，但大都是通用型动漫教材，结构比较单一；国外动漫教材中不乏针对儿童动漫的高质量教材，但都比较零散，而且同样存在体系单一的问题。在当前校企融合的大趋势下，规划既强调动漫大类中的"动画设计"与"动漫衍生产品设计"相融合，也突出高等师范院校的动漫类专业系列教材的儿童特色属性，可以很好地填补通用型动漫类教材的结构短板，符合新型学科、专业建设的理念和实际需求。

　　本套系列教材的编写与出版得到了浙江师范大学儿童发展与教育学院领导的关心和大力支持，获得了浙江师范大学重点教材建设资助项目的出版经费资助；在经过省教材委员会审定后，本套系列教材获得浙江省第三批新形态教材项目立项。另外，在本套系列教材的构思与策划阶段，我们也得到了国内许多兄弟院校动画专业教师、大型动画企业单位技术骨干的支持和建议，特别是得到了教育部动画与数媒专业教指委副主任朱明健教授，中国学前教育研究会副会长、儿童教育专家秦金亮教授的指导，在此一并致以衷心的感谢！

编委会

2021 年 12 月　杭州

前　言

物质富足、精神富有是社会主义现代化的根本要求。我们不断厚植现代化的物质基础，不断夯实人民幸福生活的物质条件，同时大力发展社会主义先进文化，加强理想信念教育，传承中华文明，促进物的全面丰富和人的全面发展。随着物质文化生活的日益丰富，人们对生活的要求在不断提高，产品的品质和形象受到了消费者越来越多的关注。作为产品的重要附件和增值部分，产品的包装首先当然具有包裹、运输、提取等作用；作为最初呈现在消费者面前的产品形象的代表，产品的包装也给了人们关于产品的重要的第一印象。因此，在第一时间赢得消费者的好感，是包装设计的重中之重。从某种角度来说，包装甚至具有决定产品命运的重要性。好的包装设计，不仅在审美上能贴近消费者的感受，还能在使用的便捷性、与产品的融合性，乃至多元化用途的功能性方面做足文章，让本来一个平淡无奇的包装，变化出万种花样，真正体现"外有造化、内有乾坤"的绝妙。

就儿童产品包装设计而言，我们必然还需要从儿童的特殊性出发，做更多的、与成人不同的考量。不管是在审美上还是在使用方式上，面向儿童的包装都迥异于成人。因为儿童的思维尚处于人类思维的初级阶段，其视觉心理特征明显与成人不同。他们所能概括的往往是事物外部的特征或属性，这些特征或属性具有形象、直观的特点，即儿童更多关注的是事物的实际意义与其外观。活动的物体、色彩鲜艳的图形最容易刺激他们。作为儿童产品包装的设计师，我们不仅要考虑到儿童的上述思维特征与审美特点，还要考虑到他们生活经历少、受教育程度浅，以及渗透着父母喜好的局限性。所以，儿童产品包装设计在多个方面都存在着区别于其他包装设计的特征，在表现形式、表现内容与表现技巧上，均具有独特性，我们需要仔细研究与琢磨。

本书理论结合实例、图文并茂，通过条理清晰、逐层深入的结构，对儿童产品包装的设计原理进行了系统性的讲解，并辅以实践性的指导。全书分为 6 章，分别为儿童产品包装设计概述、儿童产品包装的功能与分类、儿童对产品包装的需求特点、儿童产品包装的设计要素与方法、国内外成功儿童产品包装案例赏析和优秀儿童产品包装设计欣赏，全流程地讲述了儿童产品包装设计的要点，既注重艺术又注重技术。本着学术性、艺术性、示范性、实用性多方面兼容的主旨，本书选取大量国内外设计师和设计机构的当代儿童产品包装设计进行展示，并分享本院校课程中优秀的儿童产品包装设计作品，对其进行深入分析与点评，做到了学术性和实用性相结合。所选取的作品具有很强的可借鉴性，读者能直接从中汲取灵感，释放无限创造力。

本书在编写过程中，参阅并采用了部分设计类书籍和网站的图例，由于来源复杂，未能一一列出作者，在此向相关作者表示衷心的感谢。同时，由于编著者水平有限，书中疏漏与不当之处在所难免，敬请广大读者批评指正。

编著者

2023 年 10 月

目　录

第1章　儿童产品包装设计概述

导读

　　通过本章学习，学生能够基本掌握包装设计和儿童产品包装设计两个方面的概念，了解包装的历史发展过程，对儿童产品包装设计的发展趋势有总体的认识，包括趣味体验、传统文化、智能交互、绿色环保等发展趋势，从而对儿童产品包装设计有一个全面的认识，激发进行深入研究和实践的兴趣。

主要内容

- 包装设计概述
- 儿童产品包装设计的定义与现状
- 儿童产品包装设计的发展趋势

本章重点

- 儿童产品包装设计的发展趋势

1.1 包装设计概述

　　包装是伴随着产品的出现而产生的（见图 1-1）。包装无处不在。从广义上说，大气层也可以算作地球的"包装"，它可以保护地球不受有害光线和其他物质的侵袭，可以保留住氧气和水分，使人类和自然万物得以生存。由此可见包装的首要目的是保护被包装物，具体落实到我们日常接触的产品上，就是在产品的生产、运输、使用过程中起到保护作用，并为消费者使用产品提供一定的便利。这就需要我们以功能为切入点进行包装设计。

　　包装不但可以起到保护产品的作用，防止产品被日晒、灰尘污染，还能美化产品，激发消费者的购买欲望，进而促进销售，更好地实现并增加产品的价值和使用价值。因此，包装设计的一个重要目的是起到宣传推广的作用，而这就需要我们以审美为切入点进行包装设计。新颖美观、富有创意的包装设计可以令消费者过目不忘。

设计阐述：这是一组来自 Speedo 儿童游泳用品的趣味包装设计。整组图形设计采用夸张、变形、搞怪等手法将海洋动物造型可爱化，突出了儿童游泳用品这一主题。

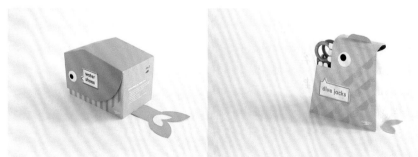

图 1-1　Speedo 儿童游泳用品包装设计

1.1.1　包装的定义

对于包装的理解与定义，在不同的时期、不同的地区都不尽相同。以前，人们普遍认为包装以流通物资为目的，是包裹、捆扎、容装物品的手段和工具，也是包扎与盛装物品时的操作活动。20世纪60年代以来，随着各种自选超市与卖场的普及与发展，包装由原来仅具有保护产品的安全流通功能转向兼具促进销售功能。人们也赋予了包装新的内涵和使命。

中华人民共和国国家标准《包装术语》（GB/T4122.1-2008）对包装做出了解释："为在流通过程中保护产品，方便储运，促进销售，按一定技术方法而采用的容器、材料及辅助物等的总体名称。也指为了达到上述目的而采用容器、材料和辅助物的过程中施加一定方法等的操作活动。"这一解释明确了包装的内涵、过程与目的。从这个解释中，我们可以看到"包装"一词同时具有动词与名词两种属性：动词属性是指通过设计对产品进行包裹、盛装、计量等，侧重于包装的整个活动过程；名词属性主要是指包裹、盛装、保护产品的容器造型，以及辅助性材质设计，既表达了包装的结果与状态，又概括了产品包装的内涵。这是对现代包装的准确解释。

美国对包装的定义是：使用适当的材料、容器并施以技术，使其能使产品安全地到达目的地，即在产品输送过程的每一阶段，无论遭遇到怎样的外来影响，皆能保护其内容物，而不影响产品的价值。

英国对包装的定义是：包装是为货物的储存、运输和销售所做的艺术、科学和技术上的准备行为。

加拿大对包装的定义是：包装是将产品由供应者送到顾客或消费者手中，并能保护产品处于完好状态的工具。

日本工业标准（Japanese Industrial Standards，JIS）对包装的定义是：包装是使用适当的材料、容器等技术，以便于物品的运输、保护物品的价值、保持物品原有形态的形式。

综上所述，不同的国家或组织对包装的定义有不同的表述和理解，但基本意思是一致的，都以包装功能和作用为核心内容，一般有以下两重含义。

① 盛装产品的容器、材料及辅助物品，即包装物。

② 实施盛装、封缄、包扎等的技术活动。

包装是产品不可或缺的组成部分，是产品生产和消费之间的纽带，是与人们的生活息息相关的。因此，包装有着明显的时代特征与文化特色。我们对于包装的理解应该结合时代语境。在原始社会，包装多用于生活用品的盛放、包裹、储藏等方面；在手工业时代，包装则多呈现出服务于人们生活的经济形态，多用于保存、运输、标志等方面；随着工业革命的推进，包装得以大批量生产以适应现代经济生活的需要，在实用功能的基础上，还要具备一定的审美功能。总之，包装的定义随着历史的演进呈现出时代特征。

本书所研究的包装是产品包装，即销售包装，具体指用不同的材质制作的盛装与保护物品的包装。它通常具有附属性和临时性双重性质，是被包装物的附属物，可以被抛弃或保留，但两者又不能分离。它的作用是保证被包装物在保存、运输、销售、使用过程中不受损伤。但有些包装（如化妆品包装、药品包装）往往与被包装物合为一体，虽然是附属物，却不具有临时性，而是与被包装物共存，具有长久性。包装与被包装物之间具有一定的和谐性与统一性，往往既具有实用性，又具有特殊的审美性。

1.1.2　包装设计的定义

包装设计是在产品从企业传递到消费者的过程中保护其使用价值和价值的一个整体的系统设计工程，它贯穿着多元的、系统的设计构成要素，我们需要有效地、正确地处理各设计要素之间的关系。

根据包装定义可知，包装具有三大主要功能：保护产品、方便使用和促进销售。从广义上说，包装设计就是指针对这三大功能而进行的设计活动，包括包装产品的防护设计（如缓冲包装设计、防潮包装设计、防锈包装设计和防虫包装设计等），结构工艺设计（如集合包装设计、组合包装设计、速热包装设计等），以及造型装潢设计。从狭义上说，包装设计仅包括包装结构设计、包装造型设计和包装装潢设计。

本书涉及的包装设计是将美术与技术结合起来，并运用于产品的包装保护和美化。包装设计不是单纯的画面装饰，它必须能准确地传达产品信息，同时又能传达一定的视觉美感。

从设计角度来看，产品的"包"是指用一定的材料把产品裹起来，其根本目的是使产品不易受损、方便运输，这是实用科学的范畴，属于物质的概念；"装"是指事物的修饰、点缀，这是指对包裹好的产品用不同的手法进行美化装饰，使包裹看上去更漂亮，这是美学范畴，属于文化的概念。因此，包装设计具有保护、整合、运输、美化意义。

包装设计完整的概念应包括包装结构设计、包装容器设计、产品包装设计、标志设计及与其相配的广告宣传设计。而一个成功的包装设计必须具备 6 个要点：货架印象、可读性、外观图案、商标印象、功能特点说明、提炼卖点及特色。

不难看出，现代包装设计不再仅仅是包裹、装饰的含义，而是在功能层面考虑保护产品、便于运输与计量的同时，在视觉层面对包装进行科学合理的视觉规划与设计，形成鲜明的视觉特色，从而将产品信息有效地传递给消费者，满足消费者视觉上的审美需求，进而促进产品的销售，此外，我们还要充分考量包装材料的绿色环保与可持续性（见图 1-2）。现代包装设计赋予包装更广泛的内涵，它既是企业用来促销产品的最佳手段之一，也是企业形象的象征。从包装设计中，人们可以领悟到一家企业的理念、品质和文化，准确快速地捕捉到多种信息。

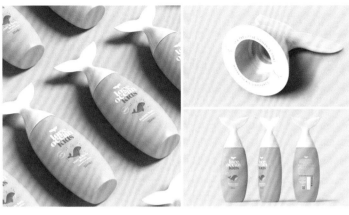

图 1-2　儿童沐浴露包装设计

设计阐述：这是一款由 Pearl fisher 设计的儿童沐浴露包装，其瓶子由 100%可再生塑料制成。标志性的瓶子和鲸尾符号时刻提醒人们与海洋对话的重要性，其设计初衷是让父母和孩子们一起讨论如何让世界可持续地发展。

1.1.3 包装的发展简史

人们对于包装的认识与理解也是随着历史的发展逐渐深化的。从人类有意识地进行自主生产劳动开始，包装便应运而生。纵观人类社会历史的发展进程，生产力的发展、社会的变革、科技的进步，以及生活方式的改变，都对包装的定义、功能、分类形态产生了巨大的影响。包装的历史演变反映出不同国家、不同民族、不同时期人们的生活状态和情感。

根据对包装的渊源及其历史发展的探究，并考虑不同时代的生产力状况，我们将包装的发展历史大致分为原始包装的萌芽期、传统包装的成长期、近代包装的发展期、现代包装的变革期4个阶段。

第一阶段：原始包装的萌芽期

人类使用包装的历史可以追溯到远古时期。原始社会作为人类发展史上的第一个社会形态，存在了两三百万年，历经旧石器、新石器等时代，是目前人类历史上最长的一个社会发展阶段。随着生产技术的提高，生产力得到发展，人们有了剩余物品，它们被贮存起来和用于交换，于是原始形态的包装出现了。当然，这一时期的包装与现代包装在含义与功能上是有区别的，其仅仅是为了满足人们生存的基本需求，我们可以将原始社会看作是包装的萌芽期。萌芽期的包装设计主要表现在人类凭借本能从自然界中获取生存所必需的生活资料，并将生活资料进行简单的加工，但当时人类还无法使用工具进行大规模制造。

最初，人们为了满足生产和生活的需要，尝试用树叶、竹叶、荷叶、芭蕉叶等茎叶进行捆扎，使用现成的叶子、果壳、葫芦、竹筒、兽皮、动物膀胱、贝壳、龟壳等来盛装和转移食物与水，并模仿某些瓜果的形状制作出近似于圆或半圆形的箩、筐、篮、箱等容器来盛装物品。这是原始包装发展的胚胎期。这些利用自然资源制作的多种形式的包装容器有很多都沿用至今，如用粽叶包装粽子（见图1-3），用蛤蜊壳包装蛤蜊油（见图1-4）等。这个时期的包装工艺形态较为简单，形式和功能也较为单一。

图1-3 用粽叶包装粽子　　　　　　　　图1-4 用蛤蜊壳包装蛤蜊油

后来，随着劳动技能的提高，人们以植物纤维等制作最原始的篮、筐，用火煅烧石头和泥土来制成泥壶、泥碗和泥罐等，并用其盛装和保存食物、水及其他物品，使包装的保护、运输、储存功能得到初步完善。人们发现烧过的陶土质地坚硬，并且易于制作成型，能满足日常生活需求的陶器便应运而生了。陶器的出现代表了原始社会的最高包装水平，其材料也从纯粹自然之物向人为之物转变，并且已经开始根据人们的审美进行装饰表达。各种用来盛放食物和水的陶器不仅在功能上简洁实用，在造型上也颇具艺术气息，表达了原始时期人类的审美欲望与冲动，充分反映了人们对造型美和形式美的探索与追求。其中，仰韶文化的代表——人面鱼纹彩陶盆（见图1-5）最具代表性，其整体图案有对称也有重复，黑白对比也比较强烈，趣味十足，充分展示了中国原始先民丰富的想象力和艺术才能。又如马家窑文化的代表——舞蹈纹彩陶盆（见图1-6），其用笔飞动娴熟，线条奔放流畅，而且构图极佳，人物的舞蹈动作被描绘得十分真实，其舞姿绰约，有强烈的动感和节律感，表达了当时人们强烈的审美意愿，因而具有极高的历史价值和艺术价值。

图1-5　仰韶文化·人面鱼纹彩陶盆　　　　图1-6　马家窑文化·舞蹈纹彩陶盆

原始包装具有以下几个特点：完全采用天然及简单改造的材料，就地取材，加工方式简单，成本低廉，造型结构单一，适合于简单、短程、少量物品的装载、分发与传递。这些原始包装采用的自然材料，对以后乃至现代包装都有着深远的影响。

总体来看，原始社会属于包装设计的萌芽期，包装的种类大多为生活器皿，这种最朴实的包装形式构成了包装的原始形态，反映了包装最基本的保护功能。同时，由于原始时期人类技能知识、审美积累的贫乏，包装以自然形态为主，且生产效率低下，规格与形制的偶发性比较强，但原始包装中的朴素风格与造物智慧对现代包装设计有着积极的借鉴价值。

第二阶段：传统包装的成长期

传统包装的成长期主要指手工业时期，其时间定位以金属冶炼技术的出现为开端，以工业革命的兴起为结束，其时间跨度较大。在这段漫长的成长期中，陶瓷、玻璃、木材、金属等各种材质的包装容器不断涌现，其中许多技术经过不断完善发展，一直沿用到今天。

随着生产力与生产技术的不断发展，此时的产品较萌芽期有了极大的丰富，逐渐成为人们日常生活中不可或缺的部分，这意味着人们对包装的需求也大大增加。在这个时期，包装最主要的作用仍然是盛放或储藏物品，方便运输和使用。

约在4000多年前的夏朝，中国人已能冶炼铜器。商周时期，青铜冶炼技术进一步发展，青铜器作为礼器开始被大规模使用，它们多为奴隶主和王公贵族们奢华生活中用到的各种器物。春秋时期，人们掌握了铸铁炼钢技术和制漆涂漆技术，纹饰繁复和造型复杂的铁制容器、涂漆木制容器大量出现，如用以煮肉和盛贮肉类的鼎等器具（见图1-7），盛放饭食的簋、盨、簠、豆等器具，以及爵、觚、觯、尊、杯、舟等酒器，这些容器的出现充分体现了中国古代人民对制造工艺和装饰美学法则的娴熟掌握。

图 1-7　春秋时期·蟠螭纹鼎

以天然材料制作的漆器包装同样有着非常悠久的历史，相较青铜器而言，漆器的制作成本及实用度都更高。中国传统漆器包装多以竹、木等材质为内胎，然后在胎体上逐次多层施漆来制作。以天然材料制作的漆器不仅具有很好的防水、防潮性能，还具有较强的耐腐蚀性。漆器的出现极大地丰富了手工业时代包装的品类，早在战国、秦汉时期，漆器便因质量轻、性能好、造型美等特点而成为当时最受人们欢迎的包装容器之一。而且，漆器的类型多变且广泛，大至乐器、家具、礼器，小至手环、盆、厄等，其在实用性、观赏性上也能做到兼顾。

战国时期是中国漆器工艺发展的繁荣期。由于激烈的社会变革引发的伦理意识和审美观念的变化，该时期的漆器工艺得以迅速发展。漆的色调以红、黑两色为主，其特点是"朱画其内，墨染其外"，衬托出漆器的典雅和富丽，呈现出强烈的装饰效果，使器物具有稳健端庄之美。而战国时期的漆器又以楚国漆器最具代表性，其在造型上千姿百态，在纹饰上天马行空，在用色上五彩缤纷。

1973 年，长沙马王堆汉墓中出土了大量漆器，其纹饰的线条十分流畅，人物姿态在动静之间的安排也恰到好处。其中，西汉的识文彩绘盝顶长方形漆奁（见图 1-8）通体长48.5 厘米、高 21 厘米、宽 25.5 厘米，全身遍布凸起的云气纹作装饰，其制作方法是先以白色沥粉勾出高起的线条轮廓，再用朱、绿、黄三色漆勾填出色彩绚烂的云气纹，使之具有立体效果。漆器作为包装容器的典型代表，在中国历史上经久不衰，发展到后期出现了剔红、剔犀等工艺，装饰越发繁复精细。

图 1-8　西汉·识文彩绘盝顶长方形漆奁

此外，用竹、藤、苇、草等多种植物枝条编制的包装容器继续发展，它们多为大宗物品的包装，如马王堆汉墓中用于盛装丝织品、食物、药材的竹筒等。

纸作为包装材料也有着悠久的历史。早在公元 105 年，东汉的蔡伦就以树皮、破布、渔网等为原材料改进了造纸术，其制造的纸具有坚实耐用、成本低廉的特点，促进了纸作为包装材料的发展。

到了唐代，社会发展空前繁荣，国力强盛，经济发达，此时的包装在继承前代各类包装形式的基础上开始呈现出独具时代特点的风格。自公元前 2 年由印度传入中国的佛教在唐代达到鼎盛，佛事活动的蓬勃兴盛，促使大量与佛教有关的铜造像、经文、佛像画、法器，甚至佛舍利产生。这些佛事用品的包装便成了独特的宗教包装类别。这类包装用材考究，纹饰突出宗教色彩，整体风格庄严、神秘，多采用层层嵌套的形式。唐朝统治阶层崇尚金银，因而造型别致、纹饰精巧的金银器包装大量出现，它们普遍使用錾花、焊接、刻凿、鎏金等工艺方法，其图案多为传统龙凤、缠枝花卉及鸟兽等。当时使用雕版刊印佛经颇为盛行，发现于敦煌藏经洞的唐咸通九年（公元 868 年）敦煌雕版印经——

《金刚般若波罗蜜经》（见图 1-9）是中国现存最早的标有明确刊刻日期的印刷品。该经通卷保存完好，文字秀美，构图繁简得当，刀法洗练，墨色均匀，被誉为"雕版印刷第一神品"，充分体现了唐代印刷与版面设计工艺之高超。

此时，在纸张领域，竹纸也开始崭露头角。而剡藤纸的发展在当时也达到了鼎盛时期，一时之间代替其他纸成为主角。还有一种蜡黄纸防水、抗蛀，质地厚实，也非常适合用于包装，其尺幅达到了一米，为多种包装提供了操作上的可行性。

图 1-9 敦煌雕版印经——《金刚般若波罗蜜经》

到了宋代，手工业较唐代更加先进，贸易非常频繁。宋人张择端的《清明上河图》就展现了北宋都城东京（今河南开封）当时繁华的经济与贸易场景。商品经济的逐步发展也推动了包装的商业化和批量化。11 世纪中叶，毕昇发明了活字印刷术，推动了印刷应用于包装，如在包装纸上印上商号、宣传语和吉祥图案等，增强了包装的信息传播功能。这类包装纸被大规模应用于包装当时的茶叶、食品、中药等产品，并印有"百年老店，货真价实""真不二价，童叟无欺"等包装用语，出现了部分近代包装的萌芽。中国现存最早、最完整的印刷包装纸是北宋时期济南刘家功夫针铺的包装纸（见图 1-10），上面不仅标明了店铺的名称、标识，还说明了店铺的经营范围、产品质量，是集包装、广告于一体的典范，由此可以推断出当时商人已经开始通过各种方式宣传自己的商品。宋代竹纸和麦秆纸（即草纸）的发展也是造纸业的重大里程碑，草纸价廉，原材料不受限制，可制成卫生用纸、包装纸等。当时，纸的种类还有水纹纸、染色纸、防蛀纸、金银纸、蜡笺、粉笺、发笺等，各有其用途。由于活字印刷术的普及，当时人们印制了大量的报纸、纸币、印契、广告，使纸这种材料真正走向了包装宣传的道路。

图 1-10　北宋时期·济南刘家功夫针铺包装纸

到了明清时期，纸依然是民间使用最广泛而又便宜实用的包装材料之一。其包装产品的形式主要有两种：一是用于包装散茶叶、糕点、中药材等的纸张，二是做工较为精细的纸箱与精致的纸盒。明代雕版印刷日益成熟，规模更大、数量更多、种类更广泛、字体更规范。虽然早在元代已经出现了能在一张承印物上印出几种不同颜色的套版印刷技术，但明代的印刷技术更加成熟，各类招贴画流行起来。

商业的发展促进了商业美术的发展，商业类食品包装逐渐与民间食品包装分离，向更廉价、快速、大批量、规模化发展。明清时期的许多产品都会夹带印有产品说明的包装纸，称为"仿单"（见图 1-11）。这种包装纸详细介绍了商号所售产品的性质、用途，对该商号的产品进行了宣传，使得其信誉有了一定保证。这种形式促成了独立性质的产品包装的出现。明清时期纸包装的发展，可以说是近代产品包装的伊始，对近代包装设计发展有着深远影响。

图 1-11　明清时期·仿单

纸与印刷术的结合在西方也引起了产品包装的重要变迁。15 世纪，欧洲开始出现活版印刷，包装印刷及包装装潢业开始发展。安德烈·伯恩哈特及其他早期德国造纸厂商，最先在自己的产品上印制商标。伯恩哈特在包装纸上印制图腾的行为，让包装纸开始具有商业用途。由于纸这种材料成本低廉、便于印刷、成型容易，因此在手工业时期，纸作为包装材料，其应用范围非常广泛，纸的类型与加工工艺也逐渐丰富。

瓷器也是手工业时期有代表性的包装形式之一。作为原始社会陶器的延伸，其具有质地细腻、性能稳定、密封性好、不易挥发、工艺造型多样、成本较低等特点，成为手工业时期包装设计的重要使用材料。考古发现，早在殷商时期就已经出现瓷器，历经西周、春秋战国、东汉多个朝代的发展变化，无论是在造型上还是在功能上，制瓷技艺都已日臻成熟，后历经唐、宋、元、明、清各朝代的不断发展，瓷器逐渐成为中华文明典型的器物代表，同时也成为主要的包装容器。

瓷器生产到宋代发展到顶峰，继唐代著名的"唐三彩"之后，宋代更以五大名窑驰名中外、享誉古今。在工艺美术史上，宋代被称作"瓷的时代"。宋代瓷器包装品种众多，远超前代，既有专供宫廷和有钱人家使用的生活瓷器包装，也有民间使用的瓷器包装，而且产量极大，是宋代最具特色的包装形式。其中最有代表性的器物主要有各种用途的盒类，包装瓷瓶类，盛装食品、药品、茶叶和化妆品的罐类等。这些器物在造型上都体现了宋代美学思想，如对称美、平衡美、错综美、曲线美、圆润美、流动美、意象美、神韵美等。例如在盒类包装中，数量最多且最常见的是粉盒包装（见图1-12），其造型美观，款式多样，常见的有单盒、套盒、连体盒等，除了满足实用功能的需要，这些粉盒包装还体现了自然形态的造型结构美学原则与宋代包装"师法自然"的道家美学风格，以单纯质朴的自然意象延伸了人们的心灵空间，揭示了人与自然的本质关系。

图 1-12　北宋时期·"上"字款越窑秘色婴戏纹瓜棱粉盒

时至今日，瓷器仍然是最具有中国民族传统风格的包装形式之一，常被应用于酒类、中药类、茶叶类产品的包装。而16世纪欧洲陶瓷工业也开始发展，与此同时，美国建立了第一家玻璃工厂，开始生产各种玻璃容器。至此，以陶瓷、玻璃、木材、金属等为主要材料的包装工业开始蓬勃发展，传统包装开始向近代包装过渡。

《韩非子》中记载的"买椟还珠"的故事从侧面说明，在当时的商业活动中，商人对包装的设计反映了当时精湛的设计工艺和人们注重华丽包装的心态。在传统手工业时代，包装设计实现了从日常盛装器向具有商业意义的独立包装的转变，具有了些许现代包装设计的意味。中国古代劳动人民将所掌握的知识运用到包装设计上，在包装材料、造型装饰、形态结构、加工工艺等方面逐步形成了鲜明的文化特点与风格，不仅满足了包装的功能诉求，还形成了符合人们精神需求的纹饰图案。传统手工匠人在包装设计活动中追求形式与功能的完美统一，充分体现了"形神兼备"的中国传统哲学审美思想，对于今天的包装设计具有重要的启迪与借鉴价值。

第三阶段：近代包装的发展期

近代包装阶段大体相当于18世纪到19世纪中期这段时间，由于工业生产的迅速发展，特别是欧洲的第一次工业革命的推动，新兴的机器首先在棉纺织业中取代了人工，后来扩展到其他行业门类。这也极大地推动了近代包装工业的发展，为现代包装工业和包装科技的产生和建立奠定了基础。伴随商品批量化的机器生产制造，包装设计的作用与效果在商品竞争中愈加明显。与此同时，随着生产力的发展和科技的日新月异，包装领域的新材料、新技术、新观念层出不穷，这也推动了包装设计工业化制造体系的日趋完善，逐步形成了近代包装的概念。

18世纪末，法国科学家发明了灭菌法包装，使食品储存问题得到解决；19世纪初，玻璃食品罐头和马口铁食品罐头（见图1-13）问世，使食品包装学得到迅速发展。19世纪，包装工业开始全面发展：1800年，机制木箱出现；1810年，镀锡金属罐出现；1814年，英国出现了第一台长网造纸机；1856年，美国人琼斯发明了瓦楞纸（见图1-14），其具有质量轻、成本低、保护性能好、容易加工成型的特点，一经出现便成为包装的主要材料；1860年，欧洲人发明了制袋机；1868年，美国人发明了第一种合成塑料袋——赛璐珞，同年，彩色印铁技术也被发明；1890年，美国铁路货场运输委员会开始认可瓦楞纸箱正式作为运输包装容器；1894年，法国玻璃作坊主克劳德·布歇将第一条玻璃制品生产线投入运行。

图1-13　马口铁食品罐头

图1-14　瓦楞纸

工业革命改变了人类生产、生活的方式，传统手工业被机器大生产所替代，与此同时，人们的消费观、审美观也完全区别于手工业时期，人们对包装设计的需求也不仅仅局限于保护、运输的功能，审美感受成为人们购买商品的决定性因素之一，商家开始将包装设计的视觉审美作为商品促销的手段，人类开始进入"消费时代"。同时，随着交通运输业的发展、商品经营展陈模式的创新、信息交流的频繁，同类商品之间的竞争更加激烈，包装设计在商品营销中的作用越来越明显。

第四阶段：现代包装的变革期

从近代包装的发展期结束直到现在，都属于现代包装的变革期。从19世纪中晚期至20世纪初，是现代包装的形成期，包装在这一时期有了新的突破。伴随着商品经济的全球化扩展和现代科学技术的高速发展，包装也进入了全新时期。19世纪末，玻璃瓶进入了机械化生产阶段；在美国，M.J.欧文斯的第一条全自动生产线每小时可生产2000只玻璃瓶，用嘴吹制玻璃品的工艺逐渐被一种在金属模具中注射压缩空气的做法所取代。工业革命后期，机械在包装领域的应用促进了标准化和规范化，各国相继制定了包装的工业标准，这些标准使得包装在生产、流通各环节的操作更加便利和高效。各工业化国家发展出集材料、机械、生产和设计于一体的包装产业，其逐渐成为重要的经济支柱产业，在国民经济中所占的比重逐年增加。

20世纪初，包豪斯学院的出现以及"包豪斯"现代设计理念被广为接受与传播后，现代包装才步入快速发展阶段。而20世纪70年代至今，是现代包装新的发展时期，包装在此时期经历了质的飞跃：科技发展日新月异，新材料、新技术不断涌现，聚乙烯、纸、玻璃、铝箔、塑料、复合材料等包装材料被广泛应用，无菌包装、防震包装、防盗包装、保险包装、组合包装、复合包装等技术日益成熟，从多方面强化了包装的功能。

20世纪中后期开始，国际贸易飞速发展，包装为世界各国所重视，大约90%的产品须经过不同程度、不同类型的包装。包装已成为产品生产和流通过程中不可缺少的重要环节。电子技术、激光技术、微波技术被广泛应用于包装工业，包装设计实现了计算机辅助设计（CAD），包装生产也实现了机械化与自动化。

随着互联网信息时代的到来，智能材料和智能技术不断得到发展，其应用范围也拓展到了包装，因此出现了"智能包装"（见图1-15）的概念。所谓智能包装，是指在包装过程中加入集成元件或利用新型材料、特殊结构和技术，使包装具有模拟人类行为的功能，并且可以代替人在包装使用过程中的部分行为步骤，在提供传统包装功能的基础上，对产品的质量、流通安全、使用便捷等功能中的某个方面进行积极的干预与保障，以更好地实现包装在流通过程中使用与管理功能的一种新型包装。该概念从设计学的角度出发，结合了数字信息、新型材料、特殊结构等应用技术。智能包装能够通过对外部环境的识别、判断，实现对包装内容物的安全管控和对包装使用者的安全警示等，这些都是传统包装无法比拟的。美国知名市场调研机构 Freedonia 发表名为《活性及智能化包装》的研究报告称：随着人口老龄化进程的不断推进，美国包装市场智能化的趋势正在日益扩大。由此可见，智能包装的发展势在必行。

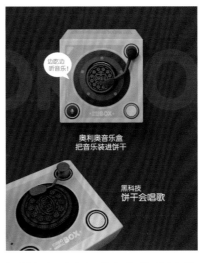

图 1-15 奥利奥音乐盒智能包装及其视频

设计阐述：奥利奥音乐盒智能包装设计，因能够让消费者"边吃饼干边听音乐"而备受欢迎。该音乐盒"边吃饼干边听音乐"的实现基于音乐盒的饼干放置区域内呈环状分布的 5 个光线传感器，与它相连的系统会自动识别饼干所遮盖的传感器数量，并随着被遮盖传感器的数量变化自动换歌。这种形式不仅增强了包装的趣味性，还给消费者带来了独特的视听觉体验。

现代包装发展至今，设计理念、制造技术、新兴材料、智能科技的应用都给包装带来了重要的影响。包装造型已不再局限于方形、圆形、锥形等几何造型，而是出现了更多有"趣味性"的造型。与此同时，包装工艺和技术的发展也推动了包装科学研究和包装学的形成。包装学科涵盖物理、化学、生物、人文、艺术等多方面知识，属于交叉学科群中的综合学科，它有机地吸收、整合了不同学科的新理论、新材料、新技术和新工艺，从系统工程的观点来解决商品保护、储存、运输及销售等流通过程中的综合问题。包装学科通常可分为包装材料学、包装运输学、包装工艺学、包装设计学、包装管理学、包装装饰学、包装测试学、包装机械学等方向。目前，中国已有 40 多所高校开办了包装工程专业，包装人才队伍日益壮大。

1.2 儿童产品包装设计的定义与现状

1.2.1 儿童产品包装设计的定义

根据第 7 次全国人口普查的数据，我国 0～14 岁人口为 25,538 万人，占全国总人口的 17.95%。而相关数据显示，我国 80% 的家庭中，儿童支出占家庭支出的 30%～50%，家庭中儿童的年平均消费金额为 1.7 万～2.55 万元，儿童消费市场规模达到 4.5 万亿元。由此可见，儿童是一个庞大的消费群体，儿童产品拥有着巨大的市场潜力，而儿童产品包装设计将在这个市场上起到至关重要的作用。

本书中所提到的儿童产品主要指 0～14 岁的儿童在日常生活、学习中所使用的商品，主要包括儿童玩具、儿童食品、儿童文具、儿童服饰和儿童日用品等。顾名思义，儿童产品包装设计就是以儿童产品为对象的包装设计，也是包装设计中一个重要的组成部分。在儿童产品包装设计过程中，设计师要通过设计要素（如图形、文字、色彩、造型、材料等）的变化，引入"趣味性"设计，使用幽默夸张的设计手法，以儿童的视角来研究探索包装形态，赋予包装独特而又直观的情感，紧紧抓住儿童的好奇心理，让儿童消费者产生一定的情感共鸣，为他们带来愉悦的购物体验，进而在实现包装的三大功能的基础上，体现出儿童产品包装的特点与附加值。

因此，在设计儿童产品包装时，我们不仅要保证儿童产品的包装能够安全使用，还要充分研究儿童的生理特点和心理特征，设计的儿童产品包装既要科学合理，又要倾注更多的人文关怀，体现出对儿童的关爱，助力儿童健康成长。综上所述，规范儿童产品包装生产企业，提高儿童产品包装的质量，促进产品的销售，加快行业的健康发展，对于繁荣社会主义市场经济具有十分重要的意义，同时对于构建社会主义和谐社会具有较大的现实意义。

1.2.2 国内儿童产品包装设计的现状

儿童属于特殊的消费群体，其心理与生理发育尚不成熟，所以对事物的看法也呈现特殊性和多样性。要想获得这类消费群体的青睐，设计师就必须了解其需求和喜好，依托设计的规律，充分发挥自己的创造性来创作出能够吸引他们的作品。经调研发现，现今国内儿童产品包装设计仍存在很多问题，主要包括以下几个方面。

1. 图形上杂乱雷同

许多设计师认为只要色彩足够丰富，儿童产品包装就可以吸引儿童的目光，就一定会被他们喜欢并接受。绚丽的颜色较灰暗的颜色确实会更容易吸引儿童的注意力，但儿童有其独特的色彩认知，盲目的多色多彩设计非但无法引起儿童的兴趣，反而会使图形整体过于花哨，导致产品信息不明确，凸显不出包装对产品的宣传推广作用。另外，部分儿童产品包装过于追求图形的趣味性，忽视了包装本身的目的。

面对激烈的市场竞争，许多厂家为争夺消费者而打起了价格战，在注重低价吸引顾客的同时，往往忽略了对产品包装的个性化追求。厂家盲目模仿流行元素，将其强加于产品包装上，导致不同品牌的商品在外观、质量甚至营销手段上出现逐渐趋同的现象，进而出现品牌形象模糊的问题。

雷同化设计的另一个原因是部分厂家直接照搬国内外的同类包装设计，缺乏创意。有的设计师将国内外的热门卡通人物作为儿童产品包装的主要视觉元素，甚至在网络上直接下载素材来应用，不经过再设计，就将其强加于儿童产品包装上。无论是在字体设计上还是在图形设计上，他们都照搬照用，设计的包装完全没有体现出自身产品的独特性，难以实现对产品的宣传推广作用。例如2015年，小猪佩奇品牌的儿童产品进入我国市场，仅用两年时间就红遍大江南北。此时，市场上出现了许多将其形象用于包装设计的产品，雷同的色彩搭配、字体设计屡见不鲜。虽然这种行为在一定程度上降低了设计成本，但也为儿童产品包装的整体市场发展带来了一定的负面影响，使得有创意和有中国特色的包装设计非常稀缺。

虽然儿童产品的种类繁多，但是由于同质化的包装设计，不同种类产品的包装设计都使用同样的卡通人物或设计形式，产品难以凸显自身特性，且在品牌分类上也十分模糊。因此，儿童产品包装设计去同质化，使其具备自身特点，不仅对产品本身的宣传推广有着重要意义，还能助力我国的儿童产品包装设计在国内外市场上脱颖而出。

2. 结构上缺乏创新

随着消费能力的不断提高，人们在选购商品时除了重视产品的质量，还开始注重包装设计的审美价值。虽然儿童认知发展还不完善，但依然有着敏感的情感体验和独特的审美能力，因此，儿童产品包装在设计上应该能够刺激儿童的感官发育，并在此基础上建立起儿童和产品的积极联结。

但当前国内市场上的儿童产品包装大多数都是常规形态，多以长方体或简单的圆柱体为主要造型，或者在此基础上做简单的变化形成曲面造型，这些包装结构单一，缺乏创意和趣味性，只是在视觉元素和大小上进行区分，无法给人以视觉冲击，很难让儿童消费者产生情感上的共鸣，无法让他们对产品产生新奇感。

事实上，国外设计师已经在儿童产品包装的结构上倾注了大量的创意，例如俄罗斯的一款儿童坚果趣味包装（见图1-16），便打破了传统坚果长条形包装的形式，以松鼠为造型，可爱、生动又有趣，既具有叙事性，又具有实用性，能给儿童消费者带来情感上的愉悦。

图 1-16　儿童坚果趣味包装

设计阐述： 这款儿童坚果趣味包装通过表达顽皮可爱的小松鼠对坚果的喜爱，以及它们能在嘴巴里暂存食物的特点，将坚果装在布袋内，变成了小松鼠的"腮帮子"。布袋外套印着小松鼠造型的纸质包装，整个包装就像一只嘴巴塞满坚果的小松鼠，包装顶部还设有提手，方便拿取。

因此，我国的儿童产品包装结构设计也要与时俱进，不仅要保留其使用上的便捷性、安全性，还要适当根据儿童的需求考虑新奇性、益智性、互动性等要素。通过引入新科技手段和增加创意交互形式，调整儿童产品包装的结构，具有重要的现实意义。

3. 功能上缺少互动性

随着消费能力的不断提高，消费者日益看中产品包装所提供的附加值。然而当下国内的儿童产品包装设计思维单一，在包装功能上缺少互动性，既无法给儿童带来良好的情感交互体验，也无法满足儿童智力开发的身心需求。一个优秀的包装设计能够兼顾家长与孩子的心理与情感体验，增进亲子间的互动，增进他们的感情，从而增加产品的附加值，提升企业的形象。

图 1-17 所示的妙手回潮的月饼包装，以"好运连连"吉语为主题，整体采用贩卖机造型，搭配国潮风的插画、磨砂 UV 工艺模拟出贩卖机的金属质感，盒身印有立体烫红金的主题文字，显得复古又摩登。其具有精妙的互动性，可以模拟售卖机让儿童取出月饼盒子，同时还会发出金币掉落的声音，让儿童和家长不仅品尝到了美味的月饼，还体验到了互动游戏带来的愉悦感。

图 1-17　妙手回潮的月饼包装

4．材料上缺乏环保性

考虑到儿童年龄较小，无法辨别身边物品的安全性，设计师在对产品包装进行设计时应该选择安全性较高的材料。但是目前市场上的儿童食品包装多为塑料袋或塑料瓶，对儿童来说既缺乏安全性，也缺乏环保性。此外，有些儿童食品包装内会附赠纸质卡片或儿童玩具，尤其是在价格低廉的食品包装中，这类附赠品大多是以有害的油漆印刷的纸张或劣质塑料制成的玩具，甚至与食品直接产生了接触。儿童对周围事物随时都充满着好奇，他们还不能完全通过大脑思考来理解新奇的事物，常通过感官与其进行直接接触，如上手触摸、用嘴巴啃咬或用鼻子嗅探。而这些劣质附赠品不仅具有毒性，会对儿童的身体健康产生伤害，还使得食品中的有害物质增多，影响了食品安全。所以，包装材料的使用是否符合规定的标准与是否安全都是儿童产品包装设计不可忽视的重要因素。

除此之外，产品包装废弃物对于环境所造成的影响也日益严重。在我国，包装废弃物约占固体垃圾的 10%，而且该比例正在逐渐上升。尤其是一些塑料和复合包装材料，它们大多难以回收和利用，只能焚烧或掩埋处理，这给环境带来了极大的危害，严重扰乱了人与自然的和谐关系，破坏了生态平衡。我们在对儿童产品包装进行统筹设计时必须考虑材料的环保性，这不仅有助于保护自然，也能向消费者传达企业的环保理念，提升企业形象。

综上所述，我国的儿童产品包装设计在创造性、互动性和环保性等方面还有待投入更多的努力，需要从儿童生理特点及心理特征出发，做到有的放矢。

1.3 儿童产品包装设计的发展趋势

当代，产品的包装除了有着一直以来的实用功能，还能彰显出多元化的价值，如为消费者提供一定的趣味体验、弘扬优秀传统文化、实现智能交互、宣传绿色环保理念等。我们在设计儿童产品包装时，也应该力争注入上述价值与理念。

1.3.1 趣味体验

儿童产品包装设计的趣味体验，涵盖了材料、结构造型、人体工程等多方面内容。在图形方面，我们可以把视觉形象用夸张的表现手法艺术性地缩小或夸大，也可以用拟人的表现形式表达亲和力和幽默感。在色彩上，使用强烈对比色彩会产生较强的视觉冲击力，会让儿童在接受感官刺激的同时产生极大的兴趣，刺激他们的购买欲望。在结构造型上，则要足够新颖有创意，通过多变的装饰和新颖的造型，让包装充满艺术美感和艺术个性，从而为产品加分。

图 1-18 所示的是一款可转化为头套的动物饼干包装，设计师采用锁扣结构，将这款包装制作成一个简洁的圆筒造型，儿童在吃完饼干后抚平整个盒身，沿着黑色的虚线拆解上面印着的卡通动物，就可以得到一个头套，儿童可以利用它进行角色扮演游戏。这样的包装让儿童在享受美食的同时，还能开心地玩耍，获得别开生面的趣味体验。这种有着多样功能的结构形式更能体现产品的人情味，向大众传达一种乐观向上的生活理念。

图 1-18 可转化为头套的动物饼干包装

图 1-18　可转化为头套的动物饼干包装（续）

1.3.2　优秀传统文化

　　一款优秀的儿童产品包装设计应在吸引儿童注意力的同时，有助于他们增加知识、开发智力，激发他们去了解未知事物和外部世界。这里所说的知识，也包括儿童玩具产品包装的文化含量。每个民族有其特有文化或民族艺术传承。作为中华民族的未来，儿童肩负着传承中华优秀传统文化的使命。那么我们在设计与其相关的产品包装时就应该考虑将优秀传统文化融入其中，让儿童在接触产品与包装的时候就能潜移默化地受到文化的熏陶。优秀儿童产品包装设计的美育和教化功能都会在儿童身上得以呈现，有助于铸就出儿童的文化自信与文化自觉，培育出具有创新能力、民族特质、自信的儿童。

　　我们应该在现代儿童产品包装设计中适当地采用优秀传统文化的设计元素来表达民族精神和展现创新思维，从而在弘扬中华优秀传统文化的同时，顺应社会潮流的发展。一个出色的设计师只有对本民族的传统文化有具体的了解，才能在产品包装设计中脱颖而出，才能担负起传承和发展中华优秀传统文化的重任。图 1-19 所示的就是一个优秀案例。

图 1-19　自然造物·传统皮影戏套装玩具包装

设计阐述：这是一款出自自然造物的传统皮影戏套装玩具包装，其图案元素取自皮影戏"八仙过海"的人物造型，包装盒采用复古的牛皮纸，以皮影美学作为基因提取再造成为视觉核心元素；搭配中国汉字、印章等设计，体现出东方美学的深刻内涵。这款包装让传统回归当下，让人找回童年记忆，让儿童领略到传承千年的历史文化瑰宝的风采。

图 1-19 自然造物·传统皮影戏套装玩具包装（续）

1.3.3 智能交互

作为互联网的"原住民"，儿童对新型包装的接受度越来越高。随着图像识别、虚拟现实、语音识别等技术的进一步发展，在传统儿童产品包装的基础上，增加新型技术、新型材料或新型结构，以达到智能交互的效果，成为儿童产品包装发展的必然趋势。

除了信息展示功能，包装与智能交互的结合还是儿童产品包装提升附加值的一种特殊形式。这种形式通常被运用在一些特殊领域，以提升商品的互动体验感，增强消费者对品牌的认可度。目前，人们主要通过与包装虚拟相连来进行智能交互，包括使用二维码和其他图形标记、近场通信（NFC）、射频识别（RFID）、蓝牙等来传达商品信息。除此之外，还包含互动游戏、动画视频等。借助包装可视化、动态展示的特点，我们可以实现商品复杂使用过程的动态化演示，从而达到包装与儿童的智能交互。动画视频的传达形式相对于文字和图片更加直观，也更能吸引儿童的关注。将动画视频与儿童产品包装结合起来，不仅可以提升儿童的视听感受，而且能够从儿童角度增强包装的实用功能。

虚拟现实（VR）技术、增强现实（AR）技术、混合现实（MR）技术的应用也为儿童产品包装设计提供了时间和空间上的创新。VR技术实现了儿童与虚拟物体同步出现在真实环境中并进行智能交互，构建了虚拟世界与现实世界的实时同步，让儿童可以进入互动角色，增加了使用产品包装的趣味性。包装与智能交互中最为典型的结合是包装与游戏的结合，即在包装中加入与产品相关的互动类游戏和益智类游戏，提升消费者对品牌的认知度及产品的附加值。这种方式被广泛应用在儿童益智类产品与游戏类产品的包装领域。对某些儿童游戏类产品来说，在其包装上加入相关的攻略性互动环节，一方面可以让儿童在购买之前体验到产品的功能，另一方面还可以为企业的平台进行引流。对于某些儿童益智类产品来说，设计师可以在其包装上增加教育性或益智性游戏，以吸引儿童消费者。例如乐高的一款玩具包装（见图1-20），就是通过AR技术将乐高玩具和现实场景融合，使儿童不仅可以在平台上立体地观察产品信息，还可以对产品进行动态交互的操作，这成为品牌营销与市场推广的有效手段。

图 1-20　乐高的一款玩具包装

1.3.4　绿色环保

1993年，丹麦大学Leo Alting教授提出了绿色设计的基本概念：如果产品及其生产系统最初是考虑环境特性而设计的，那么将会取得更为显著的经济及技术效果。在我国工业和信息化部提出的系列绿色设计产品评价技术规范中，绿色设计是指按照产品制造生命周期的理念，在产品设计开发阶段系统考虑原材料选用、生产、销售、使用、回收、处理等各个环节对资源环境造成的影响，力求产品在全生命周期中最大限度降低资源消耗、尽可能少用或不用含有有害物质的原材料，减少污染物产生和排放，从而实现环境保护的活动。包装设计是产品绿色设计中重要的组成部分，而产品绿色设计的准则和方法同样适用于包装设计。

随着垃圾分类在国内的推广普及，绿色环保的包装设计概念开始进入了我们的视野，绿色环保包装的发展受到了空前关注。人们也逐渐意识到应对包装材料有所选择，也就是选择可回收的产品包装。设计师及品牌商也开始纷纷支持对绿色材料的运用。这种种因素大力推动了包装材料工业技术的快速发展和提高。循环包装成为全球可持续发展中的重要组成部分，减量、再利用和再循环、回收的设计理念现在已经牢牢地嵌入人们心中。

在包装设计领域，可循环材料和重复利用的设计将是未来探索的方向。例如，我们可以使用零塑料通道、零包装商店和替代包装材料；我们还可以使用可生物降解、可再生、可食用、纳米包装等绿色材料。聚乳酸（PLA）就是一种可生物降解材料，可回收，是生物基塑料中应用较广的一类，可用于制造生活用品，如杯子、盘子、碗和蔬菜包装膜等，其在 3D 打印领域也是非常重要的一种耗材，还可应用于医疗领域等。就产品包装而言，其在一次性包装盒方面具有重要的应用价值（见图 1-21）。

图 1-21　聚乳酸及包装盒

Notpla 团队开发了一种可食用、可生物降解的包装材料，如图 1-22 所示。这种可食用、可生物降解的材料由植物和棕色海藻（自然界的可再生资源之一）制成。它可以直接被用来制作在体育赛事、节庆日和私人聚会等场合使用的塑料杯，也可以作为调味品，形如香囊，还可以制成薄膜或纸板的涂层，以制作各种产品。这种材料经久耐用，并且不会伤害坏境。

图 1-22　海藻类基可降解材料

产品包装的绿色化需要社会多方面的共同努力，如绿色材料的研发、设计研发能力的提升和废品回收处理机制的完善。绿色材料的应用研究可以有效缓解传统包装材料对生态环境的污染，提高国家生态环境的整体质量。

　　绿色材料在包装设计中的应用将成为未来的主流趋势。设计师应该通过对结构设计的改进，进行轻量化设计，增加材料回收使用次数，一物多用等方式来减少自然资源的消耗；而包装企业可从生产加工、消费使用、用后回收等环节入手，全面减少包装材料对生态环境的破坏。这不仅是包装行业未来的发展趋势，也可以推动这个行业实现健康可持续的发展。

1.4　拓展阅读书目推荐

1.《中式元素视觉传达——包装设计》（柯胜海，辽宁科学技术出版社）。
2.《包装设计》（王炳楠，文化发展出版社）。

1.5　思考与练习

1. 在了解了包装的发展历史后，你印象最深刻的是哪个阶段的包装？为什么？
2. 学习了儿童产品包装设计的发展趋势，你有什么启发？

第 2 章　儿童产品包装的功能与分类

导读

　　本章着重通过对市场上已有的成功儿童产品包装设计的深入分析，探讨儿童产品包装的功能与分类。在儿童产品包装中尽量添加符合儿童需求的附加功能，能够帮助学生理解包装设计在满足儿童需求方面所扮演的关键角色；通过对儿童产品包装进行分类，学生可以更清晰地看到不同类型包装的特定应用场景和设计要求，这将为其后续学习更具体的设计技巧和方法打下坚实的基础。让我们一起探索儿童产品包装的多样性和可能性，设计出既实用又有创意的包装。

主要内容　　　　　　　　　　　　本章重点

　儿童产品包装的功能　　　　　　儿童产品包装的功能

　儿童产品包装的分类　　　　　　儿童产品包装的分类

包装在现代产品的生产和营销环节中起着非常重要的作用。一件产品，从最初生产加工到最后到达消费者手中，要经过生产、流通和销售 3 个阶段。包装作为一种兼具实用功能和视觉传达价值的载体，已成为产品不可或缺的组成部分。包装的质量直接关系到产品在市场流通中的价值，对提高市场的经济运行效率和人们的生活质量也有着重要影响。

包装从本质上来讲可以起到保护产品、方便储运、使产品易于认知和使用、促进销售等作用，这是所有包装的基本功能。然而在儿童产品包装设计领域，因为儿童有着特殊的生理、心理特点和情感体验方式，他们的认知能力和判断能力尚不成熟。如果我们能够在儿童产品的包装中融入更多符合他们特点的附加功能，让他们能够在使用产品的过程中提升思考和观察能力、发散性思维能力，以及情感体验能力等全方面素养，那势必能最大限度发挥产品的使用价值，同时也能提升产品的美誉度与知名度，进而使产品在市场上获得成功。因此，儿童产品包装的设计师应在包装原有的基本功能的基础上，根据儿童的特点给其附加新的功能，以实现上述目标。我们可以从以下 5 个方面进行拓展。

在生活中，绝大多数的产品包装在消费者打开包装盒的一瞬间，其利用价值就完成了，特别是儿童产品包装，由于顾及包装的环保性、安全性或占用空间等，很多家长会在打开包装后当即弃之，这不免造成了一定程度的浪费。如果产品包装在设计时与产品本身的结构、功能相结合，在完成保护和运输产品的功能后能再利用，成为产品的一个附加性配套物件，那么其使用寿命势必将会延长。就儿童产品包装而言，在包装中引入"游戏"概念，使之成为产品功能延伸的载体，便可实现"包装+游戏"的双重功能，满足消费者的双重体验。对儿童来说，开启包装的过程就像是游戏的过程。设计师应注重儿童在游戏过程中的参与和体验，引导儿童对于色彩、形态和结构等形式要素的接触和思考，激发儿童形成独特的认知体验，发展形象思维、审美素养和创造性思维等。

通过包装的游戏功能加深儿童对材料、事物甚至生活的认知，儿童在游戏和探索中感知设计的含义，体会设计美学的魅力，对儿童具有积极且深远的意义。许多国外的公司已经尝试在儿童产品包装的游戏功能上进行拓展，例如雀巢公司曾推出过 3 款 "Smarties" 节日糖果筒包装，消费者可以通过旋转筒身的 3 个互相分离的部分来组成多样化的、不同的彩色商标图案。

又如，俄罗斯的恐龙化石冰棒包装（见图 2-1）就是将食品与考古游戏结合了起来。

其设计灵感来源于冰河时代，设计师把冰棒塑造成透明的、具有岩石感的形状，透出冰棒内部的恐龙造型冰棒棍。包装仅仅上半部分被设计成透明状，露出冰棒上半部分，恰到好处地与下半部的陆地衔接在一起，使得冰棒就像漂浮在海上的彩色冰山。这一包装设计的成功之处在于，它不仅给儿童带来了新奇的视觉感受，还满足了儿童的猎奇心理，引导他们去发现藏在冰棒内部的史前生物，解救被困在冰山里的恐龙。当冰棒一点点被吃掉，藏在里面的恐龙逐渐露出时，他们就会像考古学家在北极发现新生物一样兴奋！

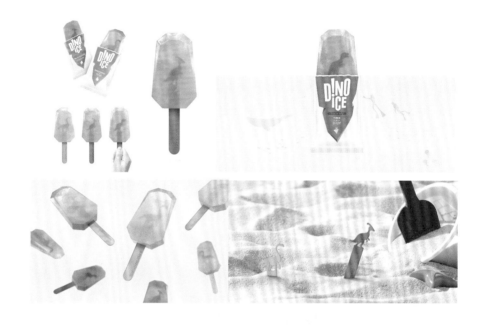

Stella McCartney 设计的儿童内衣系列包装（见图 2-2）更是把包装盒与有趣的叠叠乐游戏结合起来。这款儿童内衣系列产品共有 11 个可堆叠的包装盒，每个盒子四面都印有各种趣味横生的插画人物，或是一张脸、一个身体。拿出衣服后，儿童可以将它们随意旋转、拼搭、堆叠在一起，创造出各种新颖、幽默的搞怪造型。

又如希腊的一款儿童葡萄干折纸包装（见图 2-3），为了适应儿童的小手，其尺寸设计得相当迷你。而其特色就是每个包装背面都隐藏了一个小动物图案。当食用完葡萄干后，儿童可以展开包装，翻面折叠成不同形状的人物或可爱动物，如猫、狗、熊猫、鹦鹉、企鹅、乌龟、猴子及袋鼠等。在折叠过程中不需要用到胶水及剪刀。这款设计通过包装自身的奇妙结构，形成了一套折纸游戏，既可以锻炼儿童的动手能力，开发其智力，又能在游戏中培养儿童的艺术兴趣。

图2-3 儿童葡萄干折纸包装

　　培养儿童的审美就是提升他们对生活和美术作品的感知能力、欣赏能力和表达能力，这也有助于提高他们的观察力、想象力和创造力。儿童产品包装设计作为一种视觉艺术的媒介，通过艺术形式对儿童进行感知训练，使其获取发现美、感知美、创造美的能力，是儿童接受美学教育的良好载体。日常生活中随处可见的优秀儿童产品包装设计无不在对儿童起着良好的美育作用。因此，儿童产品包装的美育功能就显得尤为重要。

　　儿童的天性就是勇于尝试和创造，对儿童的审美能力最好的开发方式就是提供足够大的空间任其发挥。所以，设计师除了对包装进行精心的装饰、美化，提高其美观度，还可以添加一些涂鸦、粘贴等艺术形式的活动来丰富包装的美育功能。例如，在处于涂鸦期的儿童所对应的产品包装上，可以结合产品的特点和造型，留出恰当的空白，使之变成儿童的画纸，任由儿童去绘画、填色和创造，这不但可以增加儿童对产品的亲切感，而且可以使原本功能单一的产品包装变成儿童可发挥和展示美学才华的试验地。图 2-4 所示的是 Mideer 的一款可涂鸦儿童美术工具套装包装，其外包装为带拉手的箱包造型，方便拿取。内包装分上下两层，上层为笔筒收纳盒，下层为磁吸抽屉，能满足各种规格美术笔的收纳。盒身选用涂色专用纸，图形设计采用黑白线条的趣味涂鸦风格，图案的留白为儿童提供了发挥想象力的涂色空间，鼓励他们创作出专属于自己的艺术盒子。

　　英国包装设计公司 Luckies 则推出了一款小动物礼品包装纸。不同于一般的包装纸，它含有 4 种色系的包装纸，并配有不同图案的贴纸配件，可以变化出 24 种不同的动物形象。包完礼物后，儿童还可以为每个小动物贴上不同的眼睛、耳朵等五官，画上皮毛进行装饰。很快，一个个可爱的小动物就出现在儿童眼前了。小动物礼品包装纸如图 2-5 所示。

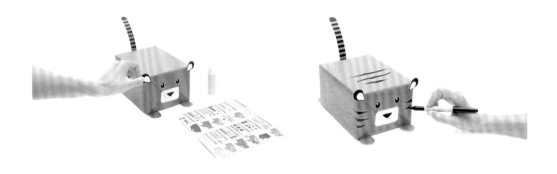

儿童认知是指儿童认识、理解、掌握、使用知识和信息的过程和能力。儿童认知的发展反映了儿童认识世界的能力的发展。在这个过程中，儿童学习了知识，学会了思考，并且掌握了表达知识和信息的技能。为了贴合儿童认知的特点和规律，儿童产品往往具有知识性、趣味性。同理，儿童产品包装除了表达产品最基本的信息，还应该加入丰富儿童认知功能的设计。例如高露洁公司曾专为缅甸农村地区设计儿童牙膏包装，旨在帮助缺乏教育资源的儿童进行口腔健康护理。该儿童牙膏包装纸箱里面印制了带有缅甸传统风格的关于口腔健康的教育插画，当地的教师可以通过拨打插画上的电话号码，获得免费的帮助来制定适合缅甸教学大纲的口腔护理课程计划。该包装将护牙知识融入其中，在潜移默化中给儿童普及了日常口腔卫生知识，有效提高了儿童的生活认知，很好地体现了儿童产品包装的认知功能。

与之有异曲同工之妙的，还有图 2-6 所示的上海家化儿童沐浴用品包装。其设计核心是将触觉、视觉与产品本身所提供的嗅觉刺激呼应配合，形成一个多层次的感官体验，促进儿童的感官、认知启蒙。整个包装设置了可旋转的瓶盖外层，儿童通过旋转瓶盖可以切换不同的表情，为儿童提供触觉与视觉刺激，锻炼其动手操作能力，促进亲子之间的互动。

　　另外，我们还可以从儿童的感知功能（光感、气感、温度感知等）角度入手，开发相应的儿童产品包装，例如可以将温致变色材料运用到儿童产品包装设计上，利用温度控制包装的色彩。在常温下包装呈现原有的色彩，当用手触摸而产生热传导或当外界温度产生一定变化时，包装表面的色彩会随之发生变化，从而使儿童亲身体会到温度可以改变色彩，认知并理解原本很难用语言解释的科学道理，发现科学的神奇与乐趣。图 2-7 所示的儿童酸奶包装以"叫醒冬眠的动物们"为出发点，运用温致变色油墨印刷。当酸奶在冰箱内冷藏时，整体包装的色彩以蓝色为底色，小动物呈现冬眠状态；当温度升高时，包装的整体色调从蓝变白，而小动物也随之被唤醒。这样有趣的设计在无形之中使儿童与包装之间产生交互，让他们在学到相关知识的同时，还感受到了科技的魅力。

我们知道，在这个世界上有一群在某些方面与正常儿童有显著差异的特殊儿童。这些差异可表现在智力、感官、情绪、肢体、行为或言语等方面，而这些特殊儿童最终表现为智力残疾、听力残疾、视力残疾、肢体残疾、言语障碍、情绪和行为障碍、多重残疾、自闭症（孤独症）、阿斯伯格综合征等。正因为这种特殊性和差异性，这些特殊儿童有着与正常儿童不一样的需求。作为无障碍产品的重要组成部分，包装也应该体现出无障碍的理念。让这些特殊儿童感受到包容与友善，为他们营造一个充满爱与关怀、能切实保障他们安全、方便、舒适的生活环境，是设计师应尽的责任。

在日本，只要包装上印有两种专门标识（见图2-8）就属于无障碍玩具。小狗代表导盲犬，表示这款玩具适合有视力障碍的儿童玩耍；小兔子的一只耳朵耷拉下来，表示这

款玩具适合有听力障碍的儿童玩耍。这些设计细节体现了人们对特殊儿童的关爱。

中国香港一家名为 mosi mosi 的企业专门为自闭症群体定制了月饼包装（见图 2-9），并联合残疾艺术家 Mike Ng 共同设计了 3 种插画图案，分别由满月、mosi 字母及月兔等几何图形组成，充满童趣。包装上分别开了上弦月、满月、凸月 3 种月相造型的窗口，露出 3 种不同的插画图案，表达了"月有阴晴圆缺"的主题。在月饼包装内还印有"See their Ability, Not Disability."文字，呼吁社会关爱"星星的孩子"，倡导大众接纳、尊重自闭症群体。另外，mosi mosi 公司还将一定比例的产品利润分给自闭症艺术家，为这个特殊群体做出了切实的贡献。

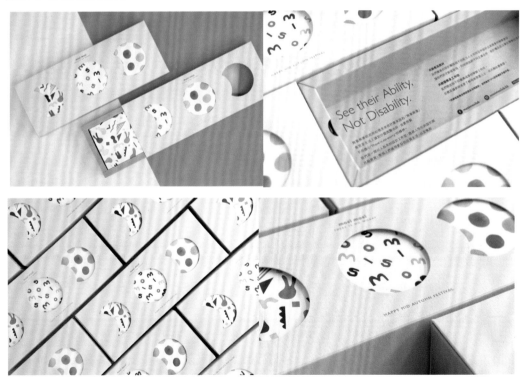

图 2-9　为自闭症群体定制的月饼包装

在所有为盲人提供的服务中，最具影响力的当属盲文。这种基于触点感知而发展起来的文字，通过五官间的协作补偿为盲人打开了感知世界的大门。在产品创新日益强调细分人群与人性化设计的今天，盲人的各种消费需求成为一片亟待被重视、被满足的蓝海。而能让盲人无障碍地阅读、感知和使用的产品包装，就成为驶向这片蓝海的航船。与其他盲人专用设施与服务相比，盲文产品包装能让这个庞大群体更快地融入当代社会生活中。例如乐高专为视障儿童推出了盲文积木，设计师将字母与盲文结合，设计出该系列玩具的 Logo。除此之外，盲文还出现在包装上、积木上，使得该玩具能够以一种充满趣味性的方式帮助视障儿童学习盲文。由 Microsoft 设计、APH 开发的一款名为 Code Jumper 的实体积木，通过对积木块不同形状的设计，以触摸取代视觉沟通，也可以协助视障儿童更顺畅地学习编程。泰国 Plan Toys 则联合一群特殊儿童的母亲打造了 Mom made toys 项目，为这类儿童开发了一系列特殊玩具。乐高盲文积木与包装盒及其视频如图 2-10 所示。

近年来，对儿童造成意外伤害事故的报道在新闻上出现的频率越来越高，这些事件给家庭、社会带来了严重的伤害，而在其中，包装问题是引发事故的重要原因之一。目前市场上的产品包装不胜枚举，但大多数的产品包装设计关注的是人们的精神审美需求，而缺乏对安全性的把控，导致产品包装鱼目混珠，这会对儿童产生一定的负面影响。儿童的理性认知能力尚未发展完全，他们的行为主要由感性体验决定，极易受外观漂亮的包装误导。部分含危险内容物的产品因其包装设计过于具有亲和力、吸引力，而导致儿童误食、误用的安全事故发生。另外，一些方便开启与方便使用的包装在给成人带来便利的同时，也会给儿童带来"便利"，进而发生误触、误食、误操作等情况。调查显示，发生这类事故的尤以 1～6 岁的学龄前儿童居多，因此，儿童产品包装的安全功能绝对不容忽视。

儿童产品包装的安全功能可以通过"包装障碍性设计"来实现。"包装障碍性设计"是指通过设计的手段来指导或规范消费者的某些行为，从视觉上或结构上给予某些人群（如低龄儿童）一定的使用限制，最终达到使用安全的目的。儿童产品的包装障碍性设计一般集中在药品、化工类产品、有毒制剂等中。澳大利亚、英国和美国等均出台了相关法律来约束产品包装，限制包装对儿童造成潜在伤害。例如，一些法律就严格规定了药品、农药及家用日化产品等的包装必须使用儿童安全盖，以便对儿童的操作造成一定的"障碍"，避免安全事故的发生。

以儿童药品包装为例，我们可以在结构上进行"包装障碍性设计"。许多儿童液态药品，为了让儿童更容易接受，其口感都接近于水果。因此，为避免儿童在没有大人陪同的情况下就自行打开药品包装而误服，导致其健康受损，甚至威胁到生命安全的事故发生，一些儿童药物瓶盖被设计成以直接顺时针或逆时针旋转都无法打开，同时，在旋转瓶盖时还会发出"咔哒"的空响声，增加了儿童开启的"困难"（见图 2-11）。这类药品包装在结构上增加了复杂性，并伴有警示声响，是目前较为安全的儿童药品包装。

除此之外，包装的材料也直接关系到儿童食品的安全性，食品的质量与其所使用的包装材料有着密切的联系。儿童食品包装所使用的材料不仅要保证自身成分安全，而且要注意与食品接触后，不会产生有害物质。因此，包装材料应该符合国家相关规定。

另外，儿童食品包装上标识的信息应包括产品名称、生产日期、保质期限、贮存条件、食品成分、适用阶段等，以增强消费者对儿童食品的信任与了解。

我们可以通过现代科技，如运用特殊材料的指示标签（温敏指示卡、湿敏指示卡、光敏指示卡等）及包装膜等引起色彩的变化来及时传达食品变质的信号，以方便消费者对食物新鲜度进行追踪。例如曾获得 2021 年德国红点设计奖的韩国"每日乳业"牛奶智能包装（见图 2-12），其能随时间变化的颜色使消费者能轻松辨别牛奶"新鲜度"：一开始，包装上的"Milk"一词为统一清晰可见的蓝色，而随着时间的推移，字母 M 和 K 的部分笔画颜色会发生变化。当牛奶过了保质期后，"Milk"只留下一个清晰可见的"ill"（病）。

综上所述，儿童产品包装的附加功能相对于其基本功能而言虽不是最重要的，但通过在儿童产品包装设计中融入这些附加功能，可使产品富有趣味性、艺术性、知识性、人文关怀、安全性，进而使儿童在使用产品的同时增长知识、锻炼能力、陶冶情操，而且可最大限度地延长本来可能随手丢掉的包装的生命周期，让儿童快乐又安全地感受到其带给生活的美好体验。

2.2　儿童产品包装的分类

包装与人们的日常生活密切相关，其类型与形式众多，如果不进行区别，那我们的设计工作就无法有针对性地开展。所以，明确包装的分类是进行包装设计的必要前提。儿童产品包装作为包装的一个分类，也有其自成一体的子分类系统。本书根据儿童产品的不同属性将其包装分为儿童玩具包装、儿童食品包装、儿童文具包装、儿童服饰包装、儿童日用品包装几类，下面分别从包装的功能、材料、形态、结构、技术等方面并结合典型案例对这几类进行深入分析。

2.2.1　儿童玩具包装

儿童玩具在儿童产品中占比最大，近些年来，随着现代科技与设计手段的介入，富有创意的儿童玩具层出不穷，对儿童的吸引力非常大。有时候，这样的吸引力并不是来自玩具本身，而是来自那些精美的包装。因此，包装作为儿童玩具的依附产业，具有重要的意义与发展潜力。儿童玩具包装设计已经成为提升产品吸引力和竞争力的重要因素之一。中国是儿童玩具生产大国，每年儿童玩具生产量占世界玩具总生产量的 1/3，但我们要在这个竞争激烈的市场中继续占据优势地位，就必须重视儿童玩具包装产业的发展。

Dinky Toys 是英国的一家诞生自 1934 年的玩具车品牌。最开始，其主要生产合金飞机模型。但在二战结束后，其开始生产使用合金打造的 1:48 比例的小型玩具车模。其设计的老爷车模型包装既经典又时尚。包装材料采用了牛皮纸，牛皮纸特有的质感与老爷车模型的特质相契合，给人以复古、摩登之感。其在色彩上也采用与汽车模型一致的较重的油墨色，形成一定的厚重感，非常贴合老爷车玩具的复古感及公司 80 余年的历史。其图形设计将老爷车的侧影作为主图，并搭配简单的文字、Logo，虽然没有全彩包装所体现的奢华质感，但隐隐透出质朴与纯粹的年代感。在堆满花里胡哨产品的货架上，出现这么一款"素净"的产品，必然会吸引儿童的眼球。老爷车模型包装如图 2-13 所示。

图 2-13 老爷车模型包装

再来看 Mideer 的一款儿童棋类桌游便携式包装（见图 2-14）。设计师打破传统棋类大尺寸的包装方式，设计了便于携带与收纳的小包装，这样人们可以随时随地进行游戏。这款包装采用了拉链开合式的收纳包形式，尺寸十分小巧（11 cm × 9 cm × 6cm），可以放在儿童的书包里，也可以用搭配的扣带挂在书包上，就像它的广告语"揣在兜里的便携棋"所说的，非常方便携带。该包装共有 3 种颜色，橘黄色、绿色和白色，图形设计选取了几种热门棋类，以扁平化的图标呈现。包装材料采用牛津布，可防水、抗污。包装内部，一面可存放布艺棋盘，一面可存放木质棋子，包装虽小，但功能齐全。

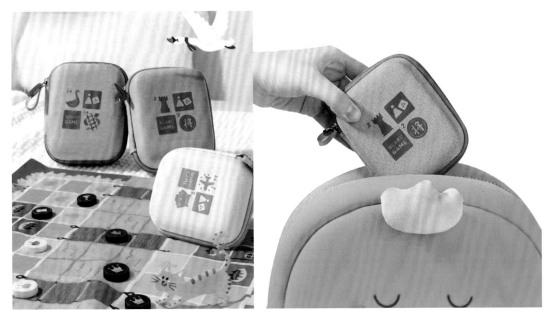

图 2-14　Mideer 的一款儿童棋类桌游便携式包装

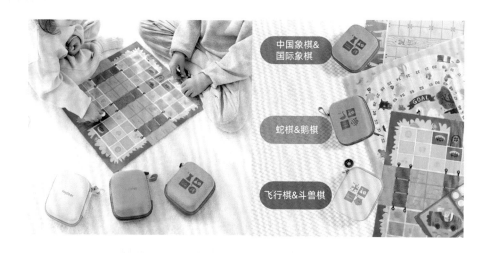

中国象棋&
国际象棋

蛇棋&鹅棋

飞行棋&斗兽棋

德国 NICI 推出了毛绒宠物系列包装，如图 2-15 所示。这款包装设计使包装实现了既是包装又是宠物的"小屋"的双重功能，让包装成了产品的一部分。除此之外，包装上还印有黑白线条图案，为儿童增加了自己来填色的区域。当儿童完成填色后，这个包装就成了一个专属于他的个性化宠物小屋。

图 2-16 所示的哈福动物玩具包装，采用半开放式的设计方式。包装采用纸质材料，

正面利用大尺寸开窗向儿童展示内装玩具细节，背面选用摄影图片展示玩具场景效果，吸引儿童的眼球。包装打开后还可以作为收纳台用于场景展示，每个包装上还印有编号，增加了玩具的收藏属性。

在各种食品严重同质化的今天，食品的包装设计已成为企业在激烈的市场竞争中胜败的关键。而在各种各样的食品包装中，儿童食品包装更加凸显出设计的重要性。儿童食品是将儿童作为目标消费者的食品，它一方面通过食品本身的味道来激发儿童的购买欲望，另一方面通过新奇的包装来吸引他们。因此，儿童食品包装不再是简单的"包裹"，不仅要鲜明、直观、准确地传达商品信息，还要从造型、色彩、结构等方面进行巧妙的设计，以获得儿童消费者的青睐。

近年来，儿童食品包装越来越具有设计感，各种各样奇趣精巧的造型不仅吸引了作为目标消费者的儿童，连成人购买者也被吸引了过来。美味的食品一旦配上有趣、富有新意、功能多元化的包装，就不仅仅是简单意义上的食品了，还具有了满足儿童心理愉悦需求的功能。

图 2-17 所示的是一款儿童有机饼干包装，设计师将一些俏皮可爱的动物（大象、犀牛、蛇、树懒、猎豹、猴子等）抓取食物的动作以插画的形式呈现，并使其与饼干合二为一，叠加摆放，这一设计不仅活泼有趣，还以儿童易于理解的方式吸引其注意力。整个包装采用大色块设计，色彩明快亮眼，符合儿童的审美，能够大大激发他们的食欲。

再来看由立陶宛设计公司 VRS WPI Vilnius 设计的儿童甜玉米食品包装（见图 2-18）。设计师巧妙地将包装进行二次利用，在包装结构上增加了刀版工艺，将火烈鸟、猫头鹰等动物的插画形象既作为视觉符号，又作为玩具主体。当食用完甜玉米后，儿童通过简单的裁剪和拼装就能制作出趣味十足的手工立体作品，而且还可以通过更换不同的部件得到不同风格的作品。这样的包装不仅具有极强的趣味性，还可以增加儿童与产品包装之间的互动，赢得他们的青睐，从而降低品牌的后期推广成本。

图 2-19 所示的是一款儿童口香糖"自动贩卖机"包装。该"自动贩卖机"内装有 100 颗色彩鲜艳的圆形口香糖球。儿童转动手柄，口香糖球就会从底座上滚出，而且每一次滚出的口香糖球的颜色与口味都不同，让整个过程充满了新奇感。如果儿童吃完了这些口香糖球，还可以在"自动贩卖机"内装入更多的口香糖球或尺寸合适的糖果和点心，如软糖、花生等。另外，它还可以兼作有趣的存钱罐，多元化的功能大大延长了其使用寿命。

图 2-19　儿童口香糖"自动贩卖机"包装

　　由马来西亚设计师 Regina Lim 设计的麦当劳儿童欢乐餐包装（见图 2-20），使用了绿色材料，减少了塑料的使用。包装设计的灵感来自马来西亚的森林，色彩上使用了浅绿色、深绿色、淡黄色等，配合着低饱和度的色彩，美丽又和谐；包装图形采用手绘卡通图案，让人感觉仿佛置身于一片神奇的森林中。设计师还将整个包装外部保护套和内部印在一张纸上，使其可以像折纸一样被巧妙地折叠起来；展开包装后，可以看到印在上面的插画故事——种子是如何长成一棵树的，让讲故事的元素成为儿童的乐趣所在。手提袋子的手提把手设计成形似猫耳朵的"M"，与麦当劳品牌标识相得益彰。套餐中的塑料玩具也换成了一组木质玩具，还搭配了可组装的纸质长颈鹿、大象和斑马模型，体现了环保理念。扫描包装上的二维码，还可以开启 AR 功能，儿童仿佛置身于这片神秘的森林中。

文具是人们在学习、办公等文化活动中使用的工具。就儿童文具而言，家长在选择时，除了考虑产品本身的质量和品牌的口碑，还对其包装的品质提出了更高的要求，有了更高的期望。

目前市场上的儿童文具包装形式不可胜数，不论是材料选择、结构造型，还是装潢设计，都呈现出多元化发展趋势。我们在设计儿童文具包装时，不能仅停留在保护产品、吸引儿童目光的基础层面上，还必须考虑儿童成长期的思维特点和审美习惯，探索功能性、益智性的情感体验设计思路，丰富儿童文具包装的功能。

例如这款多功能文具系列包装（见图 2-21），其外形结构独特，采用了折纸艺术造型，在材料上使用了环保的回收纸品，搭配简洁的几何图案。儿童在使用完该文具产品后，还可以赋予包装多样化的使用功能，例如在用完墨水后，儿童可将其包装改造成陀螺；在用完笔筒后，儿童可利用其收纳作用或把它当作居家工艺品来美化生活。这种设计不但延长了包装的使用期限，符合绿色环保的理念，而且符合儿童的思维特点和审美习惯，激发了他们运用包装来实现各种功能的创造性，成功地搭建了包装与儿童之间的互动桥梁，较好地促进了儿童成长与发展。

图 2-22 所示的是一款儿童色盲彩色铅笔包装。该包装使用符号编码系统来表示每种颜色，而符号编码的设计则参考了 Ishihara 色盲测试板。包装材料选用浅灰色带有沙状纹理的纸张，搭配简洁的中性字体，这样就不会使儿童在使用时受到信息干扰，而是将关注重点放在产品体验上。独特的包装结构将彩色铅笔分为深色和浅色，线条符号代表浅色，实心符号则代表深色。同时，这款包装可以让儿童根据自己的喜好与习惯，将彩色铅笔平铺或交叉支起，以便分类和使用。

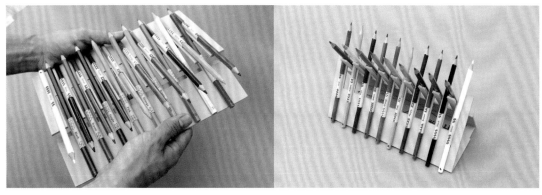

Cairo Crayons 是一款充满趣味的儿童蜡笔，其包装（见图 2-23）由美国的 Niv Ginat 设计。每一个包装内共有 24 支蜡笔，这些蜡笔被设计成三棱柱形状，按照颜色被分为 8 组。这些蜡笔互相堆叠卷起后，会形成一个正六边形的筒状，这样能最大限度地缩小体积，方便儿童携带。作画时，儿童只需要轻松展开蜡笔包装，就能准确找到要使用的颜色。另外，三棱柱形的蜡笔也更适合儿童持握绘画。

49

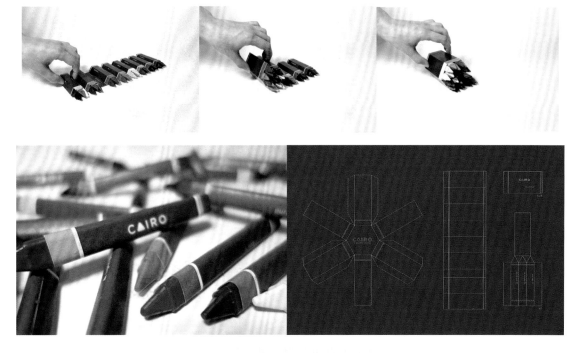

随着人们生活水平的不断提高，儿童服饰越来越受到家长的重视，其消费支出日益增长，儿童服装行业的发展也蒸蒸日上。与此同时，儿童服饰的包装设计也不再满足于包装的基本功能，而是更注重宣传儿童品牌服饰的理念。

在儿童服饰包装设计的过程中，设计师一方面可运用图像、色彩、符号、文字等打造视觉效果来吸引消费者的关注，在审美上获得他们的认同；另一方面还可以通过选用不同的材质，运用互联网技术，并结合儿童消费者这一特殊群体的审美习惯、心理需求和产品的自身特性，设计出充满趣味、想象力和人性化的产品包装。所以，儿童服饰包装除了具有保护、便于运输和展示的基本功能，还应充分发挥媒介功能，为产品营销推广做出贡献。

例如爱儿健（AICOKEN）的儿童服饰品牌包装（见图2-24）就从儿童的视角出发，运用带有孩子气的天真风格，拉近了儿童与服饰的距离。设计师以"Stay Curious"（保持好奇心）为设计灵感，以 AICOKEN 中的字母 A 为原型，结合小板凳的造型，创造出一个充满活力的卡通形象。它看起来亲切、大胆、勇敢、充满活力，象征着小朋友踮脚站立、充满好奇心的模样。包装在色彩上大面积采用温暖的橘黄色，以黄色、白色做点缀，传达出品牌鼓励好奇心、创造性及积极乐观精神的理念。

德国的 Görtz 为其旗下的童鞋设计了一款名为小鸟鞋盒的包装。其打破了以往常见的长方形规格，设计成卡通小鸟样的异形规格。每一只小鸟搭配不同的颜色与图案，以表现不同的鸟品种。其中最抢眼的地方是鸟喙部位，从中露出来的两截鞋带，像极了小鸟正叼着的虫子，显得可爱又生动，创意十足。小鸟鞋盒包装如图 2-25 所示。

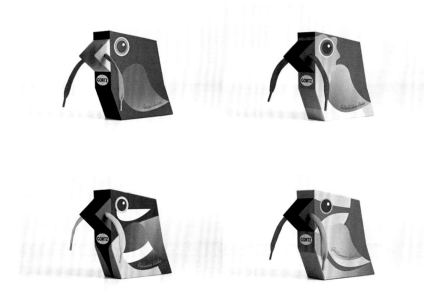

图 2-25　小鸟鞋盒包装

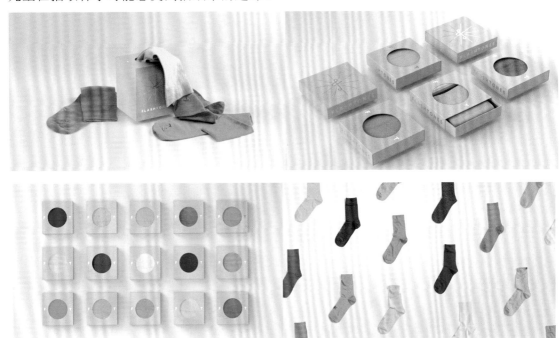

捷克共和国的袜子品牌 Flashtones 设计了一款具有高度视觉识别性的袜子包装（见图 2-26）。包装材料采用了回收纸板箱，侧面印有金色商标，顶部则设有圆形开口。简洁的设计便于儿童看到内部袜子的颜色，让他们可以快速轻松地选择自己所需的袜子。该品牌还设计了一款整体造型犹如一个纸巾盒的袜子包装，内含 14 双颜色随机的袜子，让儿童在抽取袜子时能感受到抽纸巾的趣味。

在现代社会中，日用品已经成为生活中不可缺少的组成部分。日用品包装也是我们在日常生活中随时都会见到和使用的物品。随着人们审美水平的提升及消费诉求的多元化，日用品包装除了要具有保护产品本身的功能，还要能增加产品的附加值，给予消费者更便捷、愉快的使用体验。美国西北大学计算机和心理学教授唐纳德·诺曼说："产品具有好的功能是重要的，产品让人易学、易用也是重要的，但更重要的是，产品要能使人感到愉悦。"

就儿童日用品包装而言，目前市场上此类包装普遍存在一定的问题，例如功能匮乏、单一，结构过于简易，没有真正满足儿童的心理需求，缺乏童趣，很难吸引儿童这类特殊群体的关注。

为了应对这些问题，我们提倡在儿童日用品包装上体现交互设计的理念。所谓交互设计就是通过有趣的方式让儿童和产品包装进行互动，传达产品信息，并提升用户体验。

具有交互设计的包装不仅能够满足儿童对产品的各种好奇心，还能带给儿童不一样的听觉、视觉等方面的体验，让儿童更加了解产品。

在儿童日用品包装设计中，注重以儿童为中心的包装交互性，使包装与儿童之间产生行为上或情感上的交流，不仅能更加准确生动地传递产品信息，还能让儿童消费者在互动中体验到乐趣，从而对产品更加青睐。正如1.3节关于儿童产品包装发展趋势中所说的，智能交互将会是未来儿童产品包装发展的必然趋势。

图2-27所示的是西班牙设计工作室L&C设计的儿童沐浴产品系列包装，它兼具了趣味性和实用性，并获得了2020年Pentawards金奖。设计师把每个包装瓶设计成一个角色，而每个角色都对应着各自的功能：陀螺——沐浴露、潜航者——洗发水、吹泡器——洗手液、跳跳器——护发素，以及玩具梳——乳液。在儿童沐浴产品中加入交互游戏，满足了儿童边沐浴边游戏的需求。该系列包装在材料上使用了可回收的PE材料，原装液体用完之后可以购买填充装进行补充，从而延长了包装的使用寿命，提供了一种可持续的解决方案。

俄罗斯的Lubby作为儿童日用品品牌，其目标却是让作为消费主体的妈妈们变得年轻而有抱负、很酷又很有趣。设计师用不同的包装配色方案和图形元素来划分不同年龄段所对应的产品（见图2-28）：0～6岁的色彩与图案显得柔和且安静；6岁以上的色彩与图案则更明亮、更活跃、更勇敢。包装的图形设计方面，点线面的设计元素运用得恰到好处，为此设计师还开发了一个完整的元素系统，每一次的新品都能通过这个系统产生一种新的独特模式，它隐喻了妈妈们的独特性。其明亮迷人的色彩、扁平化图案的设计使产品包装不仅与周围的一切美丽事物相得益彰，还成为妈妈们的时尚配饰。Lubby通过包装传达出品牌的理念：Lubby将成为妈妈们生活方式的新定义，既友好又时髦。

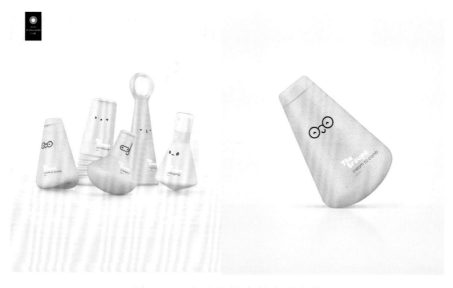

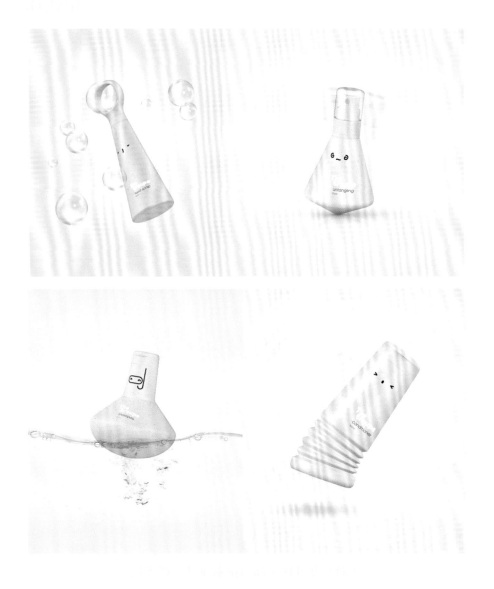

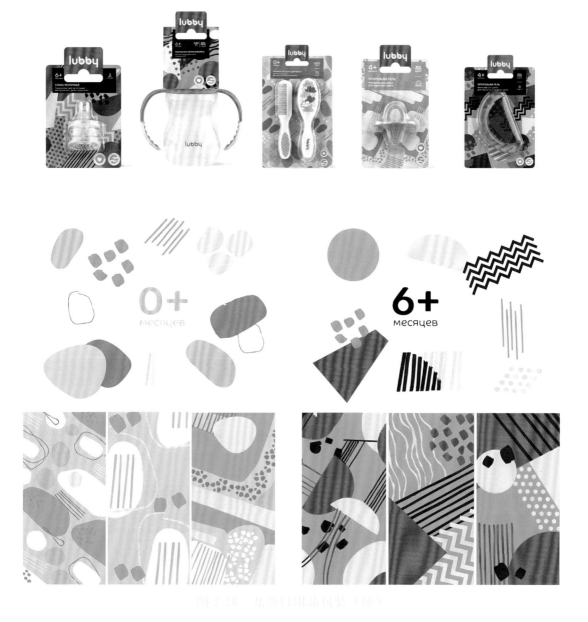

图2-28 儿童日用品包装（续）

　　由美国婴儿日用品品牌麦肯齐设计的儿童水杯包装（见图2-29），是该品牌与国际爱护动物基金会合作创建的一款非营利组织的专属产品。当消费者购买该系列的水杯时，就会有一部分金额捐赠给该组织，用于拯救动物，帮助动物恢复健康，并将动物归还给大自然。整款包装采用了手绘插画的风格，水杯上印制了可爱的动物头像，打开水杯两侧的包装，则动物们赖以生存的栖息地就会展现在眼前，体现了"把动物回归还给大自然"的概念，从而在潜移默化中增强儿童保护动物的意识。这款包装采用了质朴的牛皮纸材料，与插画风格十分贴切，也体现出了环保理念。

　　总体来看，儿童产品包装分类的细化不仅反映了时代发展背景下社会分工的专业化程度，也反映了儿童产品包装设计的发展与进步。

　　1.《设计师一定要懂的产品包装设计知识》（福井政弘、营木绵子，旗标出版股份有限公司出版社）。

　　2.《商品包装设计教科书》（Nikkei Design，辽宁科学技术出版社）。

2.4　思考与练习

1. 在本章提到的几类儿童产品包装中，你会选择哪一类进行深入挖掘和设计？
2. 寻找你认为设计最好和最差的儿童玩具包装，并分析其优势与劣势。

第3章　儿童对产品包装的需求特点

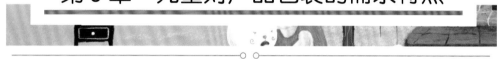

■ 导读

　　本章通过对儿童的整个成长全貌加以研究分析，从儿童生理、心理、性别及消费特点出发，结合案例总结儿童对产品包装的需求特点。

　　我们会探讨如何利用这些需求特点来设计出能够引起儿童兴趣、激发其好奇心的产品包装。

主要内容

- 儿童生理特点
- 儿童心理特点
- 儿童性别特点
- 儿童消费特点

本章重点

- 儿童生理特点
- 儿童心理特点
- 儿童性别特点
- 儿童消费特点

3.1 儿童生理特点

随着市场的繁荣发展，商品之间的竞争也日趋激烈。越来越多的企业把目光投向了一个个细分市场，希望通过满足不同消费群体的差异化需求来抢占不同细分市场的份额。而要做到这点，企业就要对细分市场中的消费者，尤其是对其特征与需求，有较为深刻的认知。因此，在当代的市场营销中，消费者的心理、行为及价值观取向已成为企业重要的研究方向。

就儿童产品及其包装而言，也应该遵循同样的规律。儿童产品包装设计师只有对儿童的整个成长过程加以研究分析，才能把握住其真正而具体的成长特点，才可以开发出特定的产品包装，以满足他们的需求。这将更加符合人性化设计的规律，也更加符合企业的长远利益。

3.1.1 身体与动作的发展

身体的发展是人成长的基础和前提，良好的身体素质为人的发展奠定了基础和方向。儿童身体的发展主要表现在身高、体重、肌肉、骨骼、大脑和神经 6 个方面。其中，身高和体重是儿童身体发展的重要标志，它们标志着儿童的呼吸、消化、排泄系统及骨骼的发育状况。

儿童出生后，在婴儿期经历了身体生长的第一个高峰。从第 2 年开始，儿童的生长发育速度减慢，此后身高和体重的增长较平稳，一直延续到青春期，才开始出现身体生长的第 2 个高峰期。

如果儿童身体的发展遵循一定的先后次序，那么儿童动作的发展也有一定的顺序。具体如下。

从上到下，又称上下规律。儿童先会抬头，然后会坐、站立、走路。儿童最先发展的动作是头部动作，其次是躯干动作，最后是脚的动作。几乎所有儿童都是沿着"抬头—翻身—坐—爬—站—行走"的动作发展方向逐渐成长的。

由粗到细或由大到小。儿童先学会躯体大肌肉、大幅度的粗动作，然后才逐渐学会小肌肉的精细动作。

由整体到分化。儿童最初的动作是全身性的、笼统的、弥散性的，之后才逐渐分化为局部的、精确的、专门化的动作。

从无意到有意。儿童先出现无意动作，然后才逐渐出现有意动作，动作发展的方向越来越多地受心理意识的支配。

3.1.2 肌肉骨骼的生长

儿童的体重几乎每年都在增长，而增长的体重 75%是肌肉发育的结果。3 岁时，儿童身体的大肌肉群比小肌肉群更加发达，所以，他们喜欢整天不停地活动。4 岁时，儿童肌肉发育的速度已能跟上整个身体生长的速度。儿童的小肌肉群在 5～6 岁时才开始发育，所以此时他们能够从事一些精细的动作活动，如写字、手工制作等。此时他们的小肌肉群虽然开始发育，但并不发达。儿童的手腕、手指的精细动作协调性较差，也容易产生疲劳，因此，我们对他们的动作活动质量不能提出过高的要求。学龄儿童肌肉的含水量较多，肌肉细长且柔嫩，致使肌肉力量相对较弱，极易受到损伤。所以，在儿童学习和娱乐的过程中，我们应考虑其肌肉的活动范围和力度。

儿童正处于身体的初步成长阶段，其骨骼正在从骨密度低（胶质较多，钙质较少）向骨密度增高（骨质增多，坚硬）的特点转变。骨骼系统从人出生后开始迅速地生长发育。在 2～6 岁时，儿童大约有 45 块新骨出现在骨骼的各个不同部位。骨龄是衡量身体发育成熟程度的一个指标。刚刚出生时，女孩的骨龄比男孩的超前，随着年龄的增长，这一差距越来越大。随着青春期的到来，骨骼快速生长，女孩的骨龄较男孩平均超前 2 年。

儿童的骨骼韧性虽大但抗压能力和骨骼张力较弱。为此，我们应尽量避免让儿童长期使用身体的某个部位，做到协调统一，以促进儿童身体的全面发展。

3.1.3 身体各系统的发育

从出生到 20 岁，身体各组织系统的发育速率是不同的，因此形成了不同的发展曲线，如图 3-1 所示。

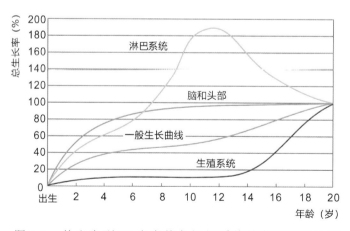

图 3-1　从出生到 20 岁身体各组织系统的发育速率比较

（资料来源：方富熹，方格，林佩芬.《幼儿认知发展与教育》[M]. 北京：北京师范大学出版社，2003.）

图 3-1 中，一般生长曲线代表躯体或肌肉骨骼的发展趋势（通常以身高和体重作为指

标），它经历了两个生长加速期：婴儿期和青春期。而在青春期之前，生殖系统的发育速度很慢，生殖系统曲线几乎没有什么变化，进入青春期后，生殖系统加速发育，曲线陡然上升。从婴儿期到青春期，淋巴系统则以惊人的发育速率向上增长，到青春期陡然下降。这是因为在青春期之前机体对疾病的抵抗力弱，需要淋巴系统来进行保护。之后，随着其他各系统的发育逐渐成熟和对疾病的抵抗力的增强，淋巴系统逐渐"退缩"。从脑和头部的发育看，神经系统尤其是大脑在整个生命的前几年，其发育速度一直是领先的，快于其他曲线所代表的有机体各个器官系统的发育速度。从上述几条发展曲线可看出，身体各组织系统的发育是非同步的。

以学龄儿童（6～12岁）为例，由于该时期儿童的身体还处于未完全发展阶段，儿童身体对于神经系统所发出的指令的适应强度，以及肢体间相互配合的均衡性相对较弱，这导致儿童具有适应性不强、情绪波动大、注意力不容易集中、容易受外界环境干扰的生理特征。学龄儿童生理特征分析如表 3-1 所示。

表 3-1　学龄儿童生理特征分析

生理结构及器官	生理机能变化	设 计 建 议
身体	身高呈快速增长	注意包装设计的尺寸适用性
体重	受身高、骨骼等影响，体重不断增长	注意包装设计的尺寸针对性
骨骼	骨骼硬度小、韧性大，抵抗力和张力较弱，易出现脊柱变形、畸形等	考虑儿童适用的姿势和体位，避免长时间单手操作
肌肉	肌肉力量增强，肌肉细长且柔嫩，极易受到损伤	考虑儿童肌肉的活动范围和力度，避免疲劳
大脑	对外界刺激反应强，适应性差、注意力不容易集中	以提高儿童的注意力和持久力为主
神经	神经系统机能发育未完善，神经的均衡性和强度较弱，兴奋过程占优势	避免长时间单手操作或关注儿童情绪等

资料来源：黄新. 基于学龄儿童认知特点的益智性文具包装设计[D]. 株洲：湖南工业大学，2020.

综上所述，从生理方面来看，儿童的身体处在不断生长发育的过程中。归纳总结儿童身体发育的规律及特点，有利于科学、有效地提高儿童产品包装设计的适用性。例如，儿童手部的变化虽然不容易察觉，但也在慢慢变化，设计师要考虑不同年龄段儿童的抓握情况，设计出尺寸合理的产品包装。

3.2　儿童心理特点

现代人具有高度发展的心理意识，这是人类在漫长的历史中不断进化、发展的结果。但这种高度发展的心理意识，不是人一生下来就有的。刚生下来的婴儿虽然具有吸吮、抓握、防御、对光的反应等本能，但这些本能最终会发展成为有高度抽象概括的认识能力、复杂的情感活动和一定的世界观，使人能够有计划、有目地积极从事各种活动，并成为具有自己特点的社会个体。在这个发展过程中，儿童心理的发展主要体现在儿童认知心理发展和儿童情感发展这两方面，它们构成了儿童精神生活的基础。

下面以儿童心理发展规律（见图 3-2）为依托，重点对儿童认知心理发展和儿童情感发展进行具体的分析探讨。

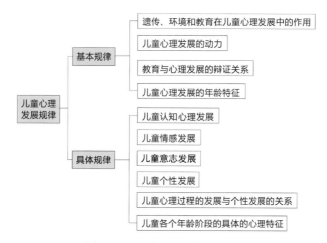

图 3-2　儿童心理发展规律

3.2.1　儿童认知心理发展

认知（cognition）是指人通过心理活动（如形成概念、知觉、判断或想象）获取知识的过程，即人获得知识或应用知识，以及信息加工的过程，这是人最基本的心理过程。它包括感觉、知觉、记忆、想象、思维和语言等。作为儿童产品包装的设计师，我们要做的就是根据儿童认知心理发展的特点求得合乎客观实际的结论，根据正确可靠的资料来积累有关规律性和机制方面的知识。下面我们将针对儿童认知心理发展的具体特点展开讨论，以便在更好地了解儿童心理发展规律的基础上，设计出真正符合儿童心理需求和审美的产品包装。

在让·皮亚杰的儿童认知心理发展阶段理论（见表 3-2）中，儿童认知心理发展呈现了明显的阶段性特征，他通过"同化—顺应""平衡—失衡—新平衡"的图式来解释儿童认知心理发展的结构变化，并提出儿童认知心理发展的不同阶段。他认为儿童认知心理发展的前一个发展阶段是后一个发展阶段的基础，并且每一个心理发展阶段都有其主要发展特征，即整体结构和行为模式。针对让·皮亚杰的儿童认知心理发展阶段理论中对4个发展阶段的心理特征及行为特征的具体论述，我们可分析出各年龄段对儿童产品包装设计的需求。如何依据不同发展阶段儿童的认知特征来设计开发儿童产品包装，将成为我们关注和思考的重点。

表 3-2　让·皮亚杰的儿童认知心理发展阶段理论

发展阶段（年龄段）	心 理 特 征	行 为 特 征
感知运动阶段（0～2岁）	以提高感知觉为主，智力活动相对较少	抓取、嗅、吮吸、摸
前运算阶段（2～6岁）	将感知运动图式内化为表象图式，已具备表象思维，并且以自我为中心	想象力丰富，喜欢自己创造事物
具体运算阶段（6～12岁）	儿童的认知结构已经发生重组和改善，能够根据具体的经验思维解决问题	具备排序、传递、运算技能
形式运算阶段（12～16岁）	运用抽象的符号，通过假设和形式化的推理得出结论	具有创新意识和创造才能，能做出分析预测及分类组合

1．感知运动阶段（0～2岁）

作为儿童认知心理发展四大阶段的第一个阶段，感知运动的发展是人类所迈出的第一步，此阶段的儿童的思维正处于萌芽期，不具备运算与逻辑思维能力，但这个阶段的发展构筑起日后心理发育的根基。让·皮亚杰研究发现，儿童从出生起就开始不知疲惫地积极探索周围的一切事物和环境，并在探索过程中建立了所有认识基础，作为其日后智慧发展的起点，同时还形成了一些情绪反应，这些可能会影响到儿童的日后情感。在这个阶段儿童智力的发展绝大多数仅根据感知觉与动作之间的协调来完成，没有表象、思维和语言，以及内化的动作结构等。

因此，在为该阶段的儿童设计产品包装时，我们应围绕儿童的感知觉能力进行综合考虑，主要包括视觉、听觉、嗅觉、触觉等因素。儿童通过身体动作，触摸和摆弄包装实体，与包装有了最初的接触。因此针对该阶段儿童的产品包装除了具有圆润的曲线、柔和的色彩，还可以融入增加触感的设计。例如希腊的婴儿沐浴用品包装（见图 3-3），其设计灵感来自婴儿玩具的弯曲形式和压花的立体表面，包装瓶身上的浮雕图案给儿童带来了不同的触感。整款包装的图形设计采用了暖色调的几何形，与简洁的文字相结合，给人以简约、大方之感；色彩上采用白色作为主色调，用来传达其品牌名称所代表的"纯净"的含义；外形圆润，瓶口使用了天然的木盖，突出了产品的天然属性。整体包装设计给人以舒适、怡人之感。

图 3-3　婴儿沐浴用品包装

2. 前运算阶段（2～6岁）

处于此阶段的儿童，其最显著的心理特征就是以自我为中心。他们开始使用符号语言来描绘对外界的感受，并运用延续性模仿、想象等方式来表达自身感受。这里所说的符号指的是语言符号与象征符号，用于人们在日常生活与工作中交流思想和传递信息。儿童熟练使用符号语言是认知能力发展中的一次跨越式进步。这一阶段的儿童不但可以自我活动，而且可以通过语言的交流获得新的经验。

由于该阶段的儿童发展了表象能力，对图案、颜色、形状等有了一些初步简单的认识，因此设计师不仅要考虑到父母对产品包装的认可度，还要考虑这个阶段的儿童是否会对其产生一定的兴趣，这个阶段的儿童对产品的喜好已经开始间接地影响父母的购买行为了。此时，图形语言是儿童产品包装设计的重点。设计师可以在包装上设计一些小动物的形象，儿童会把这些形象代入平时生活当中见到的动物的图式，从而对此类包装留下印象。例如由新西兰设计团队 Brother Design 设计的儿童糖果系列包装（见图 3-4），以卡通动漫为主风格，融入了猴子、鲨鱼、小鸡等拟人化的动物形象。同时，设计师还将每个形象的服饰做成透明状，从而露出包装内的糖果，形成了独特的视觉效果。这款包装能够锻炼儿童的思维与审美能力，并通过帮助儿童对事物保持全面和长时间的注意，从而提升其认知能力。

图3-4　儿童糖果系列包装

3．具体运算阶段（6～12岁）

具体运算阶段是儿童整个认知心理发展阶段的一个重要转折点。处于这一阶段的儿童，其思维模式悄然发生了改变，形成了一定的逻辑思维，他们的思维方式与成人的思维方式更为相似。他们不再必须依赖实际活动，而是可以完全按照头脑中形成的逻辑对事物进行分析和思考，并且其注意力不再是集中在事物的某一特征上，而是可以同时注意到事物的其他特征。逆向思维也是这一阶段儿童的主要认知特点，他们可以在时间上同时把握事物前后的整个变化过程，而不再局限于当前的某一瞬间。

处于该阶段的儿童由于已经掌握了一定的文化知识，因此对产品包装的颜色、图案、文字有了相应准确的认识，其对产品的认可和喜爱程度直接影响着父母的购买行为。与此同时，他们开始对新奇有趣、富有创造性的东西产生浓厚的兴趣。所以，设计师必须根据这个阶段儿童的心理变化及需求来设计儿童产品包装。除了使用丰富的色彩和别致的造型，设计师还可以加入一些有趣的游戏元素，如这款与农夫山泉联名款的 KACO 中性笔包装（见图 3-5）。儿童通过旋转包装底部红色部分，包装筒上的水桶图案就会发生变化，呈现出农夫山泉各水源地的信息，让儿童在趣味玩耍中认识到大自然水资源的宝贵。

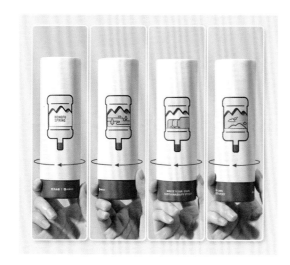

图 3-5　与农夫山泉联名款的 KACO 中性笔包装

4．形式运算阶段（12～16岁）

处于形式运算阶段的儿童，其思维已达到了高级阶段，其智力发展日臻成熟，逻辑思维能力和感知能力显著提高，思维意识的灵活性也随之提高。其思维呈现出四大特征：一是具有抽象思维能力；二是具有情景假设能力；三是具有对事实相反情形的接受能力；四是可以通过系统化的试验来解决实际遇到的问题、困难。总的来说，处于这个阶段的儿童的思维模式，无论是在广度和深度上，还是在灵活性和变通性上，都比之前的阶段有了进一步的提高。

处于这个阶段的儿童思想上逐渐趋于成熟，并形成了一套自己的思维逻辑模式，通过不断的学习和在生活中积累经验，他们的审美意识和对事物的喜好都发生了很大的变化。其开始追求自我和个性，而且对自己的零花钱有了相对自由的支配权，他们可以直接购买自己喜欢的产品。所以针对这个阶段的儿童，设计师要进行更多的研究、分析，切实掌握其认知心理变化。在儿童产品包装中加入新奇的结构和先进的科技元素会更投其所好，迅速获得他们的青睐。例如哈根达斯冰激凌智能包装，运用 AR 技术让儿童体验到具有现实立体感的趣味互动小游戏，儿童可以移动手机去接从天而降的冰激凌球，或者做出"比心"动作就能看到梦幻冰激凌星球等（见图 3-6）。除此之外，哈根达斯的线下门店也蕴藏着奇妙的体验，用户在翻阅菜单时，通过 AR 扫描就可以用手机召唤出 3D 冰激凌形象，并观赏冰激凌制作过程（见图 3-7）。

图 3-6　哈根达斯冰激凌智能包装及 AR 游戏

图 3-7　哈根达斯智能点餐

综上所述，让·皮亚杰的儿童认知心理发展阶段理论告诉我们：儿童对产品包装的认识，是按照与其所处的认知心理发展阶段相适应的方式来完成的。因此，儿童产品包装的设计应尽可能符合目标人群的年龄与认知心理特征，做到具有针对性。在购买产品前，儿童消费者是通过与产品包装的接触来初次认识产品的，并借此形成一些概念，进而扩大对世界的认识面。儿童产品包装事实上为儿童创造了一种新的获取外界信息的媒介方式，成为儿童接触产品世界的重要途径，为他们提供了一个学习的机会。因此，针对儿童所处年龄段设计的生动、形象而有趣的儿童产品包装，能够成为向儿童传播知识的媒介，同时也能在潜移默化中陶冶他们的性情。

3.2.2　儿童情感发展

情感是人类成长到一定年龄后才会产生的，是在多次情绪体验的基础上形成的。具体而言，儿童最初的情感以情绪的形式表现，是情感的原始、较低级的形式，如哭、笑、怒等。随着儿童年龄的增长及社会需要的联系发展，其情感逐渐出现高级形式，表现为自尊感、责任感、荣誉感等。随着儿童情感的不断发展和完善，儿童习得的情感知识和能力进一步升华，形成了情感品质或情操。情操是一种更加高级、复杂的情感，也是与人的社会需要相联系的情感。情绪、情感、情操这三者是密切联系的，通常是交织在一起表现出来的。

我国著名的心理学家林传鼎提出，随着婴幼儿时期儿童心理、生理发展的不断完善，儿童的情感不断趋于社会化、丰富化与深刻化，儿童也在不断提升自我调节能力，此过程也是高级情感的产生与发展过程。儿童高级情感的发展主要分为以下 3 个方面。

道德感。道德感是儿童对自己或他人的行为是否符合道德标准而产生的情感体验，这是儿童规则意识开始形成的体现，具体包含责任、义务、集体主义等。儿童的道德感尚处于比较薄弱、并不强烈的状态，是儿童在社会集体活动中逐步形成的，同时也会受到身边成年人对事物的道德评价的影响。

理智感。理智感是儿童根据客观事物是否满足认知需要所产生的高级情感。儿童的理智感主要表现在对未知事物的探索欲及求知欲上。儿童在幼儿时期常常喜欢益智类活动，这样的活动会使儿童从中获得积极情感，从好奇"是什么"到求解"为什么"，再到思考解决方法，儿童的理智感在不断发展。当儿童所提出的问题被很好地解答时，其会在这个过程中获得强烈的满足感，进而产生积极情感，这种积极情感又促使儿童继续开启新一轮探索。与此同时，儿童在对事物提出疑问的同时，还常常对其进行拆解、破坏，这也是儿童具有理智感的另一种重要表现。上述儿童的理智感表现行为是其高级情感发展的重要标志，值得被尊重与保护。

美感。儿童根据一定美的评价标准对事物进行审美的体验与感受。儿童喜爱美的事物、美的环境、美的人，这些行为表现皆源自儿童高级情感中美感的产生与发展。鲜艳悦目的色彩、整洁明亮的环境、长相甜美的老师或同伴皆是儿童高级情感中美感发展的需求。

儿童高级情感的发展直接影响儿童的行为及未来的成长。作为儿童产品包装的设计师，我们应重视加强对儿童高级情感发展的理解与研究，从以下 3 个方面尽力满足其高级情感的发展需求，使儿童在与产品包装接触的过程中获得更多积极情感体验。

（1）促进儿童高级情感中的道德感发展。我们可通过"晓之以理、动之以情"来引发儿童情感共鸣，为儿童树立正确的舆论导向，使儿童对符合道德准则的言行产生积极的情感体验。例如，我们可以在包装的设计上增加认知功能，让儿童在开启包装的同时就吸收到积极的道德理念，如伊利 QQ 星牛奶 AR 包装（见图3-8）。伊利联合百度，紧紧围绕"儿童安全"主题，发布了我国第一个 AR 儿童安全教育片，其内容包括儿童日常居家、出行和防拐安全 3 个方面。儿童可以通过"百度"App 扫描 QQ 星牛奶包装，或者用手机对着包装盒正面拍照，并选定"儿童安全 AR"，就可以进入动画场景，观看生动、活泼的 AR 视频。伊利 QQ 星牛奶创造性地将包装内牛奶的营养价值，扩展到包装外儿童教育方面的"营养价值"，从身体生长发育链接到知识教育。这一设计采用了深受儿童喜爱的动画形式，将安全知识融入其中，在潜移默化中为儿童和父母普及了安全小常识，有效提高了大众对儿童道德、安全的科学认知。

图 3-8 伊利 QQ 星牛奶 AR 包装

（2）促进儿童高级情感中的理智感发展。我们可以通过鼓励儿童探索，为他们强烈的好奇心、求知欲提供有利的发展土壤环境来实现其理智感的提升。我们可以将儿童产品包装的结构设计得合理、准确，富有趣味性，让儿童可以对包装进行拆解、重构，自己找寻到探索游戏的方法，从而满足其探索欲和求知欲。图3-9所示的玩具车组装包装（见图 3-9），就是一个将包装与玩具相结合、为儿童创造出更多探索空间的案例。儿童只有通过拆解包装与零件，才能拼搭出完整的玩具车。该设计巧妙地将包装筒作为产品拼搭零件的一部分，不仅增加了儿童探索的乐趣，还节约了包装成本，符合环保的理念。

图 3-9　玩具车组装包装

（3）促进儿童高级情感中的美感发展。我们可以利用视觉元素，对儿童产品包装的图形、色彩、排版等要素进行整合设计，以提高儿童的审美能力，满足儿童对美的渴望与追求；还可以让儿童亲身体验结合艺术类活动的包装设计，丰富其美感体验。例如敦煌研究院出品的"西游礼"儿童文具套装包装（见图3-10），打开包装展现出的是一幅《大唐西域记》的立体路线图，路线图以玄奘西行途中的沙河山川、人文遗迹为路线，分别设置了长安、秦州、兰州、凉州、瓜州、伊吾、高昌、敦煌八座历史名城。包装两边是可抽拉的抽屉，配置了西域主题的彩色笔、手账、贴纸、笔记本等儿童文具。在色彩上使用了最具代表性的敦煌壁画配色：青绿、土红、土黄、褐黑。其图形设计采用了具有敦煌代表性的藻井图案和富有独特喜感的纹饰。整款包装展现出绚烂的异域风情和极致的东方美学，让儿童直观感受到这些精美元素中所蕴含的优秀传统文化的魅力，既加强了儿童对中国传统文化的审美体验，又加深了儿童对中华文化的情感认同，增强了儿童的民族自信心和自豪感。

图 3-10　敦煌研究院出品的"西游礼"儿童文具套装包装

所以，对于儿童产品包装设计，我们应该从儿童的情感特点出发，使其能够更好地贴合儿童情感发展的特点，满足各种高级情感发展的需求。

"同化"是儿童审美的重要心理机制。在他们眼中，花会笑、草会哭、小鸟会唱歌、月亮会想妈妈，为了适应儿童心理的这一特点和情感发展，设计师在产品包装设计中可以采用拟人化的手法，将儿童特有的思想感情附着于物上。

儿童以自我为中心的思维方式决定了他们在日常生活和审美活动中总是从自身情感出发，将个人感受作为认识世界的标准，按照自身的理解与看法来判断事物。设计师可以根据儿童的这种思维特征，在包装的图形、文字中使用趣味的联想元素，这样更能够吸引儿童的关注。同理，巧妙的包装结构，也能使儿童在开启包装的时候体会到"趣味"，这不仅可以拓展儿童的想象力，还能使他们在与产品包装的互动中获得满足感。

满足儿童对新鲜事物的好奇心，往往是通过身边的各类产品来实现的，而作为儿童和产品之间信息交流的媒介，产品包装会在第一时间为儿童所接触。所以在设计儿童产品包装之前，我们应该对儿童的认知和情感进行全面剖析，真正了解儿童所需。只有这样，我们才能更好地展开产品包装的设计工作。

3.3　儿童性别特点

儿童发展心理学家劳伦斯·科尔伯格在继承让·皮亚杰的儿童认知心理发展阶段理论的基础上，提出了关于性别的认知心理发展理论，强调主体认知因素在儿童性别概念发展中的重要作用。

在科尔伯格的理论中，儿童性别守恒发展分为 3 个阶段。第一阶段：性别标志。早期的学龄前儿童能正确认识自己及他人的性别。第二阶段：性别固定。这时的儿童对性别的"守恒性"有了一定的理解。第三阶段：性别一致性。儿童获得的性别守恒不仅与自身认知水平的发展有关，也与他们所掌握的有关性别的知识有关。

基于这个理论，我们可以得知，儿童在 0～2 岁时开始形成性别概念，逐渐认知并能够区分自己和他人的性别。2～6 岁，儿童逐步进行社会活动，对性别的认知进一步发展，这一时期也是他们形成社会性别的重要时期。6 岁以后，儿童开始上小学，活动范围更广，对于性别的认识更深刻、灵活，这个时候，我们应通过性别认知教育消除他们的社会性别刻板印象，使其培养健康的性别观念。

由男女性别的不同所带来的具体表现，主要体现在以下几个方面。

6 个月左右的儿童能从男性声音中区分出女性声音。

1 岁左右的儿童能够区分男人和女人的照片，并初步把男人和女人的声音与照片相匹配。

2 岁左右的儿童开始表现出性别化差异，男孩更喜欢小汽车，女孩更喜欢布娃娃。

3 岁开始，儿童的性别意识更加稳固与明显，主要表现在两方面：一是在玩具和活动偏好上，二是在对同伴的选择和交往的特点上。

3～6 岁的学龄前儿童，男孩更喜欢蓝色、绿色、灰色等坚硬的冷色调，女孩则更偏向暖色系的粉红、淡黄等梦幻朦胧的感性色调。在游戏和活动的选择上，男孩更愿意选择结构更为复杂的建构性游戏，这类游戏需要儿童具备更多的操作较大物体的动作技能，以及较长的持续时间，挑战性也更强，如乐高积木、坦克、飞机、变形金刚、刀枪棍棒等，而且男孩也喜欢伴随着摔跤、扔球、打闹等剧烈运动的游戏；而女孩更愿意参与传统的大组游戏，活动的结构和规则都较为简单，如利用洋娃娃、餐具等室内用品及运用小肌肉精细动作的安静游戏，并乐于跟同伴在一起开展模拟游戏，展现出更高的艺术性和更加精准的操作性。而在选择玩伴方面，儿童会更加偏向选择与自己性别相同的玩伴一起玩耍。由此，在日常的幼儿园互动中，我们会发现男孩与女孩往往分化出不同的性别游戏群体。两性在选择玩具材料方面的差异性较小，该阶段的男孩和女孩都喜欢触感柔软的材质。

在 6～12 岁儿童的休闲娱乐活动中，男孩所占用的休闲时间及参与的活动项目明显多于女孩。其中，男孩的大多数活动方式偏重于运动、看电视和玩电子游戏等，而女孩的大多数活动方式则侧重于看电视，且所选择的玩具和电视节目多具有女性化特点。另外，在小学阶段无论是低年级还是高年级，女孩的学习技能、学习技巧、学习成绩和社会性行为等均优于男孩，通常在入学准备和学业成绩上也占据优势。在数学意识方面两性也存在显著的性别差异，男孩的数学认同感明显强于女孩。与此同时，在产品的选择上两性也出现了不同的变化，这个阶段的男孩更多开始崇拜心中的英雄，开始有了英雄情结，女孩则开始希望成为公主，开始了她们最早的梦幻之旅。

12 岁之后，随着儿童个性心理的逐渐增强，他们大都不太喜欢父母为他们购买的商品。表现出这种行为的大多是男孩，因为男孩大多个性突出、性格偏强，凡是自己喜欢的东西，就一定要得到，在这一点上其常常与父母发生矛盾。

对儿童有意识地进行性别区分，给儿童一个有意识的"性别固定印象"，在尊重两性多样性的基础上进行"性别设计"，并在他们成长的适当时候进行正确引导，这将有助于男孩和女孩成年后在当代社会角色中表现得更加稳定，对自己的性别认同有更清晰的认识，并在这个复杂的社会中表现得更具包容性。儿童产品包装的设计也应该遵循这个思路，进行有针对性的开发。

3.4　儿童消费特点

3.4.1　儿童的消费心理分析

虽然儿童时期的心理发展变化迅速，但也表现出了一定的阶段性。儿童所处的年龄段不同，他们的审美情趣和欣赏习惯也会显示出一定的差异。不同年龄段儿童对产品包装也有着不同的偏好，因此，设计师在进行儿童产品包装设计时，要对儿童的年龄段特点进行充分论证，针对不同年龄段儿童的消费心理特征，以及消费行为来进行创作，使儿童产品包装设计能得到儿童消费者的认可，满足他们的消费心理和审美需求。

1. 被动消费（0～3岁）

在这一阶段，儿童的生理发育比较快，他们开始能辨认基本的颜色，对外界事物逐渐有了好奇心，尽管还不能表达清楚，但也会伸手要自己认为有趣的东西。但在这一阶段，儿童的心理和意识、智力等发育很单一，因而消费行为也比较单一，主要是为满足生理发育的需要，而且只是在被动地接受，在心理、意识、智力等发育方面的需求很少，其消费行为主要表现为随父母的购买决策和行为意识的转移而转移，

在这一阶段，儿童的消费心理特征是被动消费，一般由家长来购买用品，多数由妈妈购买。因此，我们在进行儿童产品包装设计时就要多关注妈妈们的消费心理特征。年轻妈妈们的心理特征较为复杂，其消费行为可能出于自己对品牌的理解，也可能受周围

妈妈的影响，甚至可能受自己童年经历的暗示。需要注意的是，处于这一阶段的儿童消费金额相当多，妈妈们在为自己的宝宝选择产品时考虑较多的是价格和质量，且质量因素一般会占首要地位。毕竟，作为父母，都希望自己的孩子健康成长，所以都会给孩子使用优质产品。因此，在儿童产品包装设计中如果我们能很好地传达出产品的质量信息，同时体现出父母的关爱，就会受到父母这一消费群体的青睐。

2. 模仿消费（3～8岁）

3～8岁的儿童不再处于原来的那种"父母提供什么就接受什么"的状态了，已经开始有了自己的消费意识和消费愿望，其主要消费心理特征是模仿消费。例如，他们在玩耍时常常会羡慕别的小朋友的玩具，并且有意识地进行抢夺或拿自己的东西和对方交换，但一般的结果是要求父母购买，或者父母主动给孩子购买。因为这一阶段的儿童缺乏独立判断的能力，而又有着极强的模仿能力，所以在行为上就表现出极强的模仿性。另外，由于这一年龄段的儿童生理和心理发育还不健全，因而在心智方面的活动仍处于较低水平，他们主要从造型、色彩、会动和会发声等方面对产品进行区分和辨别，选出自己所喜爱的商品及类型。简而言之，此年龄段的儿童处于非独立购物阶段。

由于这个阶段的儿童逐渐形成了一些简单的消费意识，因此我们除了要关注家长的消费心理特征，还要关注儿童的消费心理特征。在为这个阶段的儿童进行产品包装设计时，既要考虑父母对健康、安全、教育性的要求，又要在设计风格上具有一定的趣味性，以吸引儿童的注意力，使他们借此产生丰富的想象。我们可以采用拟态化的设计，突出趣味性。包装造型可以模拟事物形象，如房子、树木、飞机、小动物及儿童熟悉的可爱卡通形象等。这些生动的形态符合儿童消费心理与审美需求，又具有一定的趣味性，能吸引儿童的注意力，因而将直接左右儿童选购玩具的决定。

3. 个性消费（8～14岁）

到了8～14岁，儿童的模仿消费逐渐被个性消费代替。在这一阶段，儿童普遍具有好表现、有主张的性格特征。他们已经能比较理性地思考一些问题，并且他们已经逐渐形成自己的消费习惯，他们也不再只是被产品的外部特征吸引。一般来说，当儿童成长到14岁时，其消费行为就已经基本完善。其整个心理活动包括消费心理随之从简单到复杂、从低级到高级发展变化着，产品的选择权逐渐从父母手中转到儿童手中。他们喜欢与众不同的东西，渴望拥有自己的个性。原因之一是他们进入较高年级学习，学习了大量的文化知识，为自己选择产品奠定了基础。同时，他们又会喜欢自己没有而别人也没有的东西，而且也有了自己的消费观念和品牌意识。他们在选择产品时，不仅重视产品的质量，而且对该品牌的价值内涵也较为看重，甚至对产品的包装也有自己的评价。

此阶段的儿童不太接受父母的意见，反而喜欢听取同学、朋友的意见。由于他们的思维能力逐渐增强，以及意识行为能力的提高，在购买产品时，其主观意识占据了主要地位。他们在购物时，不仅要考虑产品的实用性、功能性及附加价值，而且还要考虑所购产品的个性特点。即便是选择卡通形象，他们也会更倾向于选择经典成熟的卡通形象，接受那些能经受住时间考验的品牌产品。这就需要产品包装设计师不但要有大胆的创新精神，而且要准确揣摩这个年龄段儿童对时尚与传统的偏好，在设计中应用流行、时尚、幽默的元素，以个性化的设计来获得他们的青睐。

综上所述，研究儿童消费心理在设计领域是非常重要的，是儿童产品包装设计的灵感来源。了解不同阶段儿童消费心理特征，目的是掌握儿童的心理需求和购买动机，更好地为产品包装提供适宜的设计思路。只有被儿童认可的设计，才是成功的作品，而透视儿童消费者心理是设计成功与否的关键。产品包装设计师只有真正去透视儿童的消费心理，才能创作出激发他们购买产品的行动力的产品包装。

3.4.2 儿童的消费行为分析

随着人们生活水平的提高和商品经济的发展，儿童产品的类目也越来越多，使人眼花缭乱。如何准确把握儿童消费行为特征，设计出有针对性的包装，关乎产品包装的成功，乃至关乎产品本身能否被消费者接受。因为产品包装会首先映入人们的眼帘，其能否引起儿童的兴趣，使其主动了解产品的使用价值，这决定了产品的成败。对儿童消费行为的分析，有助于我们抓住儿童消费行为的关键要素，进而把握好产品包装的设计方向。

1. 注重产品包装多于产品本身

儿童的审美特点与成人有着明显的不同，对于儿童消费者来说，产品的形式更容易引起他们的注意，换句话说，他们更注重产品的包装效果。他们主要关注包装的色彩是否鲜艳夺目，或者主题的造型是否具有趣味性。因此儿童产品包装必须在外观美化上下足功夫，令图案生动、色彩丰富，造型多变，结构有趣味性，更加适应儿童的审美和消费习惯，从而获得他们的青睐。

2. 缺乏产品价格意识

由于儿童在家庭中的地位日益突出，只要是他们喜欢的产品，不论价格高低，父母一般都会购买，因此他们对某一特定产品的价格并不很清楚也不关心，没有强烈的价格意识。我们可以看到，市场上那些包装精美的儿童产品特别受儿童欢迎。很多儿童消费者购买某种产品，就是因为包装漂亮。即使豪华的包装使产品价格上升不少，他们也依然会购买。由此可见，儿童消费者缺乏价格意识。但我们也不能利用儿童的这一消费行为特征而一味追求奢华包装，抬高定价，让价格脱离产品本身的定位，而应该用包装本身的特色和产品本身的价值打动人，制定适宜的价格，让家长觉得物有所值。

3. 易受广告影响而产生消费冲动

儿童的消费情绪和消费行为受广告影响比较大。而电视广告对儿童的影响是最大的，电视广告中生动的形象和悦耳的声音，都对儿童的消费行为产生了强烈的刺激。据了解，儿童一般都比较喜欢看电视，特别是动画节目。因此，对于一些急需打开市场的新款儿童产品而言，在包装设计上运用儿童喜闻乐见的动画形象，并利用动画广告在电视上反复播放来刺激儿童消费者的购买欲望，也不失为一种吸引儿童消费者的有效途径。

4. 具有强烈的好奇心

好奇是儿童的天性。在日常生活中，他们总是会表现出想要对这个世界进行探索。比起较为常见的玩具，他们更容易被稀奇的东西所吸引。所以，我们在设计儿童产品包装时，应杜绝千篇一律的设计，大胆创新，迎合儿童的好奇心和求知欲，使儿童在看到产品包装后，能够对产品有探索的欲望。

综上，我们在进行儿童产品包装设计时，应充分考虑儿童的各种消费行为特征，努力设计出适应儿童消费者行为的包装设计，赢得儿童消费者的喜爱，激发他们的购买欲望。

3.5 拓展阅读书目推荐

1.《儿童发展概论》（秦金亮，高等教育出版社）。
2.《教育科学与儿童心理学》([瑞士]让·皮亚杰，教育科学出版社）。
3.《设计心理学套装》([美]唐纳德·A.诺曼，中信出版社）。

3.6 思考与练习

1. 在本章所述的儿童对产品包装的需求特点中，哪一个对你进行儿童产品包装设计有较大的参考意义？

2. 请你针对处于某个年龄段的儿童，进行需求与消费行为特征方面的分析。

第4章　儿童产品包装的设计要素与方法

导读

本章着重讲解儿童产品包装的设计要素与方法，要求学生能够掌握相关方法，并能做到举一反三，将所学知识灵活运用到今后的课程设计中，以便创造出既安全又具有吸引力的包装。

我们会探讨如何运用图形、文字、色彩、造型和材料等设计要素来吸引儿童的注意力，并激发其想象力。同时，我们也会讨论如何平衡包装的趣味性和实用性，确保设计出的包装既能够吸引目标消费群体，又能满足产品的保护和运输需求，以及探索如何通过精心设计，为儿童打造一个既安全又充满乐趣的产品世界。

主要内容	本章重点
■ 图形的生动与妙用	■ 图形的生动与妙用
■ 文字的易懂与童趣	■ 文字的易懂与童趣
■ 色彩的绚丽与夸张	■ 色彩的绚丽与夸张
■ 造型的趣味与创新	■ 造型的趣味与创新
■ 材料的环保与科技	■ 材料的环保与科技

　　随着市场经济的快速发展，儿童产品生产企业为了争夺市场占有率展开了激烈的竞争。一种儿童产品想要得到儿童的认可，就要在第一时间吸引儿童的注意力，并使其在产生兴趣的同时对产品充满好奇和想象，最终刺激其购买欲望。因此，作为儿童接触产品的第一印象提供者，儿童产品包装的设计方案始终是生产企业最关心的问题，而让产品包装在最短的时间内吸引到儿童的目光，并激发儿童的购买欲望，也是设计师不断追求的设计目标。儿童具有好奇心强、想象力丰富、活泼好动和理性思维能力弱的特点，因此，儿童产品包装设计师应该针对儿童消费者的这些特点采用相应的表达方式，让他们能够在产品包装上找到自己的心理需求点，从而最大限度地提高儿童对产品包装乃至产品本身的认知水平。总体来说，儿童产品包装设计共有五大设计要素：图形、文字、色彩、造型、材料。下面我们将结合具体的案例，对这五大设计要素及设计方法进行讲解。

4.1　图形的生动与妙用

　　图形是一种视觉传播符号，是为了传播信息、观念或思想而存在的。除此之外，图形还具有美感，即在设计中以独特的构思、构图、造型和色彩吸引人的视线，引起人们的联想和思考，从而使他们在欣赏图形的同时接收图形所要传达的信息，达到无声感染的艺术效果。图形的视觉美是为图形更好地实现信息传递功能而服务的，所以要对图形进行"设计"，要将信息传递功能与审美功能结合起来，只有这样才能呈现图形的完整价值。

　　早在文字发明之前，图形就承担着信息传递的功能。后来，文字和图形并存的文化逐渐形成，它们都是人类传递信息、进行交流的语言，只是文字文化易受到地域、民族的限制，图形文化则超越了国界、打破了语言障碍而成为世界性的语言。图形语言由于具有直观的传播力和便于思想交流的优点，所以，随着信息化时代的到来，图形语言作为世界性语言受到了国际社会的普遍关注。优秀的图形设计可以在没有文字的情况下，通过视觉语言，使人们突破地域的限制、语言的障碍、文化的差异，彼此沟通理解。

　　心理学研究表明，人类的 5 种主要感觉吸收信息的比率分别是视觉占 83%、听觉占 11%、嗅觉占 3.5%、触觉占 1.5%、味觉占 1%。由此可见，视觉吸收信息的比率是最大的。人靠眼睛获取大部分信息，不仅能接收文字信息，还能直接从图形中获取信息。英国著名设计师加德先生曾说："成功的包装设计是在几秒钟的时间内，把信息传递给顾客，在很远的地方就能把顾客吸引过来。"在儿童产品包装中，图形往往会产生最直观的视觉效果，它占据了包装整体形象的主要部分，使得包装具有个性美和审美品位，同时也赋予了产品更大的吸引力。图形的视觉表现能够与儿童消费者进行无声的沟通交流，富有感染力和直接视觉刺激作用，能引发儿童消费者对产品的认同、关注和喜爱，因此，图形设计是儿童产品包装设计整体规划中的一个重要组成部分。

4.1.1　儿童对图形的认知

儿童的内心世界是相当丰富精彩的，他们具备超乎常规的想象力，他们对万事万物都充满了好奇，哪怕是一种斑斓的色彩、一个古怪的图形、一根弯曲的线条，都会令他们驻足半晌，遐想无限。儿童对几何图形的掌握直接影响着他们对外部世界的认识；儿童用语言概括图画所表述事物的能力的发展，间接影响着其思维的形象性、系统性和概括性的发展。儿童对图形的认知发展过程可分为以下几个阶段。

10～12 个月的儿童已经具备了通过残缺图形识别物体的能力。

1～2 岁的儿童对形状的认知还具有一定的模糊性。他们可能无法准确地区分不同形状之间的细微差别，或者混淆相似的形状。这是因为他们的视觉和认知系统还在发育中，尚未完全成熟。

2～4 岁的儿童能分辨出开放图形和封闭图形，但不能分辨出欧氏几何①图形。

4～6 岁的儿童能辨认欧氏几何图形，即区分直线图形（正方形、长方形、菱形），曲线图形（圆、椭圆）。其中，小班的儿童可以辨别圆形、方形、三角形；中班的儿童可以认识半圆形、椭圆形、梯形；大班的儿童可以认识菱形、五角形、六角形、圆柱形、平行四边形等。

6～7 岁的儿童具有逆向思维能力，能辨识直线形成的封闭图形，并能区分封闭图形中的正方形、长方形、三角形，区分能力更强。其空间知觉一般已有所发展，能简单判断出物体的形状、大小、上下、内外、前后、远近等空间关系。

另外，当儿童接触到产品自身或包装上自己不熟悉的图形时，总是会将其与具体的事物联系在一起来认识。如果是自己熟知或熟悉的图形，他们马上会花一段时间去观察和想象其情景内容。因而，缺乏抽象思维能力的儿童往往会借助实物来理解图形。

4.1.2　儿童产品包装中的图形表现

儿童产品包装设计中的图形表现形式是十分丰富的，主要有具象图形表现、抽象图形表现、装饰图形表现、漫画图形表现 4 种形式。具象图形表现是以直观的形象去表现包装内容；抽象图形表现则是以不直观的手法（联想、比喻、象征等）去表现产品的内在

---

① 欧几里得几何简称"欧氏几何"，是几何学的一门分科。数学上，欧氏几何是平面和三维空间中常见的几何，基于点、线、面假设。欧氏几何源于公元前 3 世纪。古希腊数学家欧几里得把人们公认的一些几何知识作为定义和公理（公设），在此基础上研究图形的性质，推导出一系列定理，组成演绎体系，写出《几何原本》一书，形成了欧氏几何。

特性；装饰图形表现则是指铺展富有节奏性与规律性的图案来提供产品的信息，并赋予包装特殊的审美价值；漫画图形表现则是将儿童喜闻乐见的漫画形象作为产品包装的主要视觉元素，从而使包装一开始就吸引儿童消费者的注意力。具体使用何种图形表现形式要根据实际情况来决定，以能够准确地传达商品本身所承载的信息。

1.具象图形表现

具象图形表现是指用写实的手法直接描绘产品形象或与产品相关的图像，以直观的形象去表现包装内容，具有真实感。具象图形表现更贴近生活，有着生动、鲜明的特征，用强烈的视觉吸引人，极易引起儿童的注意力。具象图形大多采用摄影、写实性绘画的形式来表现。摄影可以真实地再现产品的形象，具有色彩丰富、层次细腻的特点，能够给人以直观的视觉印象，具有良好的信息传达性（见图 4-1）；写实性绘画并不是直接描绘产品，而是对其特征进行有选择性的写实表现，能够给人以艺术性的审美感受（见图 4-2）。儿童食品包装的图形信息为了表现出产品的口感与味道，多采用具象图形进行设计，给消费者以鲜明的印象，从而有助于激发他们的购买欲望。

图 4-1　超轻黏土 DIY 材料盒包装　　　　图 4-2　冻干水果粒包装

2. 抽象图形表现

抽象图形表现并不直接展示产品本身，而是采用点、线、面等形式来表现产品特性，它并不直接模仿产品的具体特征，而是在一定基础之上对产品特征进行概括。这类图形较之具象图形，个性鲜明、形式多样，给人提供了联想空间，具有较强的时代感和设计感。

其中，几何图形作为抽象图形的表现手法之一，在儿童产品包装中的运用相对较为常见。儿童最初认知世界就是从几何图形开始的，不同的图形给儿童消费者不同的暗示，例如圆形、椭圆形等会让儿童觉得温暖、柔和，而偏方形的图形就给人以严谨、理性的视觉感受。几何图形简单直接，能排列成各种有趣的形式，就如同深受儿童喜爱的积木游戏一般。积木包含各种几何图形，通过排列组合能形成各种有趣的结构，充满了趣味性，能满足儿童的好奇心和游戏心理需求。在设计儿童产品包装的几何图形元素时，我们可以借鉴儿童玩积木的心理特征及积木的表现方式，例如可以通过几何图形与动物、植物等重构、相结合等方式，让儿童在看到产品包装时对其产生浓厚的兴趣。

例如这款由墨尔本的设计师、插画家 Beci Orpin 与 GO-TO 护肤品合作设计的儿童护肤产品系列包装（见图 4-3）。该系列产品包装颜色明亮，由几何形组成的小表情设计充满童趣，非常符合儿童的审美。其纸质包装盒还可以叠加在一起，组合出有趣的新表情，这一设计深受儿童的喜爱。

图 4-3　儿童护肤产品系列包装

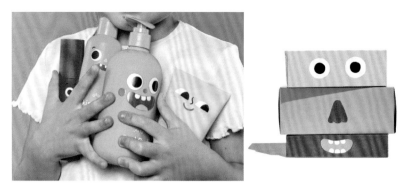

图 4-3　儿童护肤产品系列包装（续）

3．装饰图形表现

在包装设计中，装饰图形表现是指采用归纳、添加、简化等手法对产品形象进行图案化处理的方式。设计师可以用夸张的装饰色彩和线条对产品的形象进行美化、修饰等，使其特点更加鲜明地在包装上表现出来。

近年来，国风装饰图形元素不仅受到成人的追捧，也得到了儿童的青睐。TOI 图益的国风艺术儿童拼图玩具包装（见图 4-4），采用了具有中国特色的熊猫、醒狮、玉兔、风筝等形象，不仅展示出中国文化与历史的风貌，也蕴藏着中华优秀传统文化的底蕴和魅力。每种图案的拼图都是由中国传统元素构成的，如《二十四节气》《窗台民俗文化》《中华国粹》《传统民间技艺》等。每种元素都通过图形设计来传达一种思想、意象或寓言，具有深刻的内涵。整款包装中的设计元素和审美趣味体现了中华优秀传统文化的精髓，让儿童在现代生活中依然能够感受到传统文化的气息。

图 4-4　TOI 图益的国风艺术儿童拼图玩具包装

4．漫画图形表现

漫画图形表现是指采用轻松、幽默的手法把产品包装设计成卡通漫画的形象。这种可爱的、滑稽的表现形式普遍受到儿童消费者的欢迎，使他们能很快对产品产生好感并生发出购买的兴趣。设计师可以用漫画图形把现实生活中无法实现的理想、无法表达的情感表现出来，方式简练、直观，增强了产品包装的个性和吸引力。

漫画图形符合儿童的审美和心理需求，使用漫画图形的产品包装往往形象逼真、生动活泼、妙趣横生，能在视觉上产生丰富的再造想象，让儿童感到轻松愉悦，而且能使儿童产生强烈的情绪代入感，从而更容易对产品产生好感。

例如英国的儿童纸尿裤包装（见图 4-5），设计师仿照儿童古灵精怪、可爱又磨人的形象，设计了一系列小怪兽的漫画图形。其风格以活泼柔和的水彩色调为主。纸尿裤的正反两面，正好是小怪兽的正面形象和背影。每个小怪兽代表一种性格，每个图形代表一种尺码，如图从右至左依次为 S、M、L、XL，这也分别代表着儿童刚出生时、会爬时、学步时、会四处跑动时的不同成长阶段。有趣的小怪兽形象能直观地刺激儿童消费者的眼球，使其过目难忘，从而有助于树立良好的品牌形象。

图 4-5 儿童纸尿裤包装

4.1.3 图形的使用技巧

1. 带动儿童的情绪

儿童产品包装可以通过图形符号所营造出的氛围来引导儿童想象，带动儿童的情绪。不论是想象产品的具体样貌，还是想象使用产品时的情景，都会让儿童产生强烈的代入感，从而对产品包装，乃至产品本身产生好感。

图 4-6 所示的是一款儿童蜂蜜饼干包装，明黄色的包装中间有一头大熊，它张着大嘴。透过这张大嘴，儿童可以清楚地看见里面的蜂蜜饼干。这仿佛是在告诉儿童，你再不吃，大熊可都要吃完喽，真是一款充满童趣的包装啊！

图 4-6　儿童蜂蜜饼干包装

与之有类似设计的还有一款来自中国的"随便吃个啥"食品包装（见图 4-7），设计师将自然界中非常凶猛的豹、老虎、狮子这 3 种动物作为包装的主要形象，运用幽默、滑稽、趣味的技巧对表情进行重新描绘，并巧妙地将猛兽护食的表情与盒形开启方式完美结合在一起。当消费者通过旋转方式来取食物时，犹如从猛兽口中取食，有种被其吞食之险的意境。这种趣味的设计理念使得产品包装变得非常可爱，让儿童在整个产品体验中有很好的互动感受，也更能激起儿童的购买欲。

图 4-7　"随便吃个啥"食品包装

图 4-7 "随便吃个啥"食品包装（续）

2. 引起儿童的好奇心

引起儿童的好奇心常常是促进儿童了解产品的关键因素。因为喜欢产品包装而想要尝试使用产品是一种常见的消费心理，设计师应抓住这种消费心理来设计产品包装。

Kazoom Kids 是一家童鞋配饰公司，致力于通过时尚元素激发儿童的好奇心，提高其参与度。图 4-8 所示的互动鞋盒包装不仅实用，还增加了与儿童的互动性设计。Kazoom Kids 通过该包装设计鼓励儿童以一种有趣而简单的方式去探索、参与科学活动，激发儿童的好奇心，使其乐于参与互动。鞋盒内部印着桌游图案，这种图案可以定制。在取出鞋子后，儿童可以在鞋盒上进行涂色装饰，这为儿童带来了额外的乐趣。另外，每双鞋子还配有一副定制的 Kazoom Kids 扑克牌，供儿童游戏，这又增强了产品对儿童消费者的吸引力。

图 4-8 互动鞋盒包装

图 4-8　互动鞋盒包装（续）

3．设置暗示

设置暗示即通过展示产品的生产背景、生产原料等信息向消费者传达产品的优势，这种方法通常用在一些无法直接表达产品优点的包装设计上。

一款由中国设计师设计的、以环保为主题的"00:00"冰激凌系列包装，如图 4-9 所示。随着环境保护日益受到重视，设计师希望设计出能促使人们对环境问题进行深度思考的产品包装。3 种冰激凌包装上的图形分别寓意了 3 种环境问题：象征气候变化的"冰川"、象征森林砍伐的"大火"和象征疾病流行的"药丸"。而冰激凌棒上的文字提供了当前各种环境问题的相关信息。这款系列包装设计在呼吁保护环境，并提供相关教育功能的同时，暗示了本产品在环保方面的优势，有助于获得热爱环境的消费者的好感与青睐。

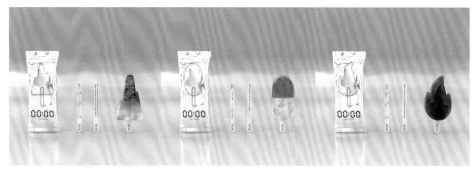

图 4-9　"00:00"冰激凌系列包装

4．异形同构

异形同构是指将两种以上的形象素材重新构成，它是广告设计中图形创意的一种表现形式。异形同构的重点在于同构。改变一个形象容易，但如何重新构成，使其体现新的意念，则有赖于作者的艺术功力。这种创意方法注重形与形之间的结构关系和对画面整体结构的经营。这种图形运用技巧用人们所熟悉的元素创造出与众不同的图像，使得产品包装更加富有创造性，而且更容易吸引消费者的注意力。

例如图 4-10 所示的这款尖叫鸡玩具包装，其图形元素是尖叫鸡和小狗。设计师以小狗叼着尖叫鸡的组合方式进行创造，使尖叫鸡和小狗完美结合在一起，重新构成的画面既符合产品的主题，同时又能达到形式新颖、吸引人眼球的效果。

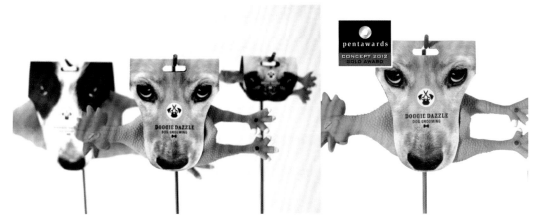

图 4-10　尖叫鸡玩具包装

与尖叫鸡玩具包装有异曲同工之妙的还有儿童剪刀包装（见图 4-11）和儿童放大镜包装（见图 4-12），它们都采用了异形同构的设计方法，将立体产品与平面图形巧妙地结合起来，从而产生了独特的视觉效果。

图 4-11　儿童剪刀包装

图 4-12　儿童放大镜包装

4.2 文字的易懂与童趣

儿童产品包装不仅具有在运输中保护产品的功能，还具有传递产品信息的功能。文字作为传播文化、信息的载体，是儿童产品包装设计中不可缺少的元素。如今，货架上的儿童产品包装各式各样，要让自己设计的包装脱颖而出，迅速吸引儿童的目光，易懂且充满童趣的字体设计是必不可少的。在产品包装上加入多样的文字不仅可以向消费者传递产品的相关信息，还能在短时间内让他们对产品产生好感，激发他们的购买欲望。利用文字突出儿童产品包装的易懂性、童趣性、创意性，已经越来越受到设计师们的关注。

4.2.1 儿童对文字的认知

为了让儿童产品包装设计相对目标年龄段的儿童有更强的针对性，我们需要对不同年龄段的儿童的文字认知能力有系统性的认识。

1～3 岁，听觉的发展阶段（听音念字）。婴儿出生不久，父母会拿些风铃、拨浪鼓等会发出声音的玩具来哄孩子，等孩子长大一些之后，父母就会教孩子学叫"爸爸、妈妈"。这个时候的孩子偶尔也会叫出来，那证明他们的听觉已经发育，能根据成人不断输入其大脑中的文字信息进行模仿，并念出来。

3～6 岁，视觉的发展阶段（辨形认字）。这个年龄段的儿童产生了图形知觉，能够分辨图形的主要特征，找出图形或文字之间的细微差异，也就是其已经具有一定的感知、观察、分析判断能力，在他们的眼中，文字也是一种视觉刺激。4 岁是儿童的图形知觉敏感期，他们已经能够辨别文字与图形，并且对笔画有了初步认识；5 岁的儿童对笔画的意识增强，而且能够辨别文字与线条图形；6 岁的儿童不仅对笔画意识有了较强的认知，而且具备了文字组合模式意识。

6～13 岁，协调能力的发展阶段（书写讲义）。小班、中班的儿童还不具备写字的能力，但是到 7 岁以后，儿童的小臂肌肉已经发育完善，并且具有保持平衡的能力，所以此时他们可以通过练习掌握正确的坐姿及书写姿势，能够通过学习正确地分解、识记字词。

4.2.2 儿童产品包装中的文字表达

文字在所有产品包装中是尤为重要的元素之一。它既是语言信息的载体，又是具有视觉识别的符号特征。可以说，文字是连接产品与消费者之间的桥梁，同时也可以通过视觉形式向消费者传递情感。如果图形和色彩的设计给儿童产品包装带来的是最直接的视觉效果，那么文字则传达了整个设计作品的核心理念。文字以字体为主要表达形式，字体的风格多样，形式感很强，可以产生不同的视觉效果。基于儿童对文字的认知发展规律，我们归纳了三类主要的文字表达方式：手写体、印刷体、美术变体。

1.手写体的表达

手写体是一种大小不一、形态各异，较为弯弯曲曲且随意的字体形式，这种字体对儿童具有很强的亲和力，充分表现了儿童可爱、活泼的特性。这种字体非常适用于表现儿童产品名称和宣传语。这种设计会给儿童带来强烈的亲切感，使他们更容易接受产品包装，乃至产品本身。

图 4-13 所示的儿童谷物产品包装的主题文字就采用了手写体，可爱的字体搭配清新亮丽的色彩，结合包装上生动活泼的人物设计，增强了视觉效果与识别性。

图 4-13　儿童谷物产品包装

2.印刷体的表达

印刷体指印刷时用的字体或类似印刷时用的字体。印刷体横平竖直，字符框架比较规范，因此在产品包装中被广泛应用。印刷体在包装中的应用主要有宋体、黑体、艺术字体、圆形黑体。不同的印刷体有不同的风格，对表达不同的产品特征能起到很好的作用。以宋体为例，它横细竖粗、结体端庄、疏密适当、字迹清晰。读者长时间阅读宋体字不容易疲劳，所以包装里详细的说明文字一般都用宋体刊印。

图 4-14 所示的是一款婴童玩具用品包装，其主题文字采用了印刷体。整个包装正面采用开窗式设计，露出彩色的产品。由于彩色部分占比较大，因此主题文字使用了清晰易辨的黑色印刷体，形成鲜明的对比与反差，从而使主题文字更加凸显。

图 4-14　婴童玩具用品包装

3. 美术变体的表达

美术变体是一种有图案意味或装饰意味的字体。美术字经过变体后，千姿百态，变化万千，是一种艺术的创新。它自成一个门类，被广泛应用于宣传媒介中。其生动活泼，具有趣味性，非常适用于儿童产品的包装设计。

图 4-15 所示的是火星猪 STEAM 益智玩具套装包装，设计师根据"火星猪"汉字本身的字形结构进行创意变形，把"火"字的前两笔变形成猪耳朵的形状，把"猪"字右下部分的"日"字变形成猪鼻子的形状，生动有趣，很容易让儿童产生联想，进而加深儿童对品牌的认知与认同。

图 4-15　火星猪 STEAM 益智玩具套装包装

图 4-15　火星猪 STEAM 益智玩具套装包装（续）

4.2.3　文字的艺术运用

1. 符合儿童认知的字体设计

由于儿童对文字的认知度还不够高，无论是学龄前儿童还是低年级儿童，均是刚开始进行文字的学习，识别度不高的文字会增加儿童识别的难度，进而为儿童认知包装设置了障碍。因此，在对儿童产品包装的文字进行字体设计时，设计师要考虑到儿童的视觉识别能力，不能一味地追求文字的形式美，设置的字体形状和比例要符合儿童的认知习惯，避免设计过于复杂的线条和形状；文字内容也需要尽量简明易识，能清晰明了地表达产品的属性。

首先，产品包装上的主题文字要醒目、大方；宣传性文字与说明性文字的结构要严谨，字体要清晰可见，这样才能使文字具有良好的识别性和可读性，产品的信息才得以顺利地传输给儿童。

其次，字体设计要有明确的视觉导向，在提高儿童审美眼光的同时能引导儿童建立正确的审美观。

再者，设计师在对儿童产品包装上使用的文字进行字体设计时，要改变其自然状态，对文字的某个笔画进行变形；可以使用置换、增减、共用、打散等方式，尽量使文字活泼、有感染力，以适应低龄、发育未成熟的儿童生理、心理需求。

最后，在文字的排版设计上，设计师也需要考虑儿童的喜好和注意力集中的特点。主题文字、说明文字应协调统一，同时还应注重字体设计与产品属性、品牌文化相统一，兼顾图形与色彩的搭配，以形成主次分明、变化与统一的设计。

在一款儿童饮料包装中，文字、图形的分割和布局的不同带来了别样的视觉效果（见图 4-16）。当儿童看到这款包装时，首先映入眼帘的是可爱的主体形象小熊；主题文字

"bear"的字母以错位重叠的手法进行排列，使文字在不缩小的情况下也能够全部显现；其他说明性文字则依次排列在主题文字下方，不同内容采用不同字体设计，富有节奏感，十分灵动。这款包装整体的版面饱满，内容生动，映射出欢快、趣味性的视觉动势，从而能获得儿童的好感。

图 4-16　儿童饮料包装

2. 充满童趣的文字造型设计

儿童有其独特的审美，他们更加青睐简明易懂、具有趣味性及生动性的视觉元素。因此，在儿童产品包装的文字设计中，我们需要按照儿童的审美对文字造型进行一定程度的设计，以最大限度地吸引他们的注意力，通常可以用以下几种手法实现。

（1）图形化文字。图形化即通过寓意、象征等表现方式对文字进行增减笔画、添加装饰或改变字体结构，拓展文字形象，彰显文字所传达的深刻含义和视觉效果。日本学者井深大教授认为，儿童识别文字的过程不同于成人，其是通过右脑整体识别的模式去识字的，他们不需要分析和理解各种内部结构关系，而是将汉字识别为由线条组成的完整"图形"。这种以字作图、以图作字的表现方式，可以最大限度地解决文字本身相对儿童来说过于严谨与儿童对纯文本形式阅读缺乏兴趣的问题。

例如 I'm mama 婴儿卫生用品包装（见图 4-17），其文字字体采用无衬线字体，在主题文字 I'm mama 上添加了不同状态下的婴儿卡通插图来进行图形装饰，使主题文字图形化，生动形象地传达了产品的信息。整款包装采用蓝白两色，日用型采用白底蓝字，夜用型采用蓝底白字，并以太阳和月亮图案进行区分。正方形包装的四面分别印有 m、a、m、a 四个字母，在陈列时可以将多个包装并排排列在一起，形成品牌主题文字，十分醒目。

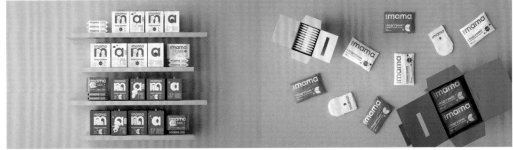

图 4-17 I'm mama 婴儿卫生用品包装

（2）意象化文字。我们在产品包装的文字设计中，可以将文字的内涵意义通过视觉化的表现方式展现出来，即灵活变化文字的偏旁部首、笔画等，将"形"提炼成"意"。意象化文字的特点在于外形与意义的融合，其赋予了文字更强的感染力和趣味性，促使消费者产生丰富的联想。由于儿童对文字的认知度不够，因此经过意象化设计的文字不仅具有趣味性，还能让儿童轻松地理解字里行间的意义，从而有利于产品信息的传播。

　　例如克鲁兹公司的翻绳游戏玩具书包装（见图 4-18），设计师将主题文字"Knotz"进行重新排列，从而形成一个图文相融、简明可辨的图形。文字字形被设计成绳子形状，其中字母"K"设有孔洞，红绿双色的绳子可以穿过孔洞，形成平面与立体的结合，给人耳目一新的视觉印象。绳子可以从设有孔洞的封面卡纸上取下，此时封面便可作为说明书来使用，翻开即可识读；在不玩时，儿童可以把绳子系到封面卡纸上，恢复原位，这时封面卡纸又具有了包装的功能。这样的包装设计，既拓展了包装的功能，又通过意象化文字向儿童传达了产品信息，真正做到了对包装功能的合理运用。

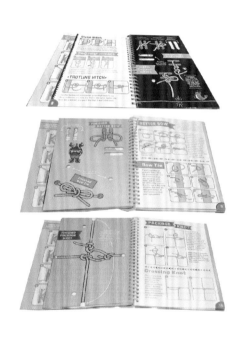

图 4-18　翻绳游戏玩具书包装

　　（3）卡通化文字。卡通化文字是一种具有较大跨越度的设计构造，整体风格会呈现出幽默风趣、诙谐自如、活泼可爱的特点，具有一定的亲和力和亲切感。这种文字在表现时要尽量飘逸顺畅、圆润跳动，相互之间能巧妙地穿插互动，给人一种充满生机、天真可爱、富有孩子气的感觉。同理，在儿童产品包装的文字设计中，我们应抓住儿童较为感性、喜欢自由形式的特点，将文字卡通化，让文字以一种轻松活泼、稚拙可爱的形态展现出来，这样更容易吸引儿童的注意力。卡通化文字在现今的儿童产品包装中的运用可以说是一种流行趋势。图 4-19 所示的这款 Mideer 拼图玩具包装的主题文字便打破了常规印刷体相对规范、冷静的风格，将文字卡通化，给人以俏皮、活泼的印象，使包装整体显得可爱而有趣，更容易吸引儿童消费者的目光。

图 4-19　Mideer 拼图玩具包装

4.3　色彩的绚丽与夸张

产品包装上的色彩运用对美化产品、表现产品特点、宣传促销产品等诸多方面有着重要影响。相较包装材料、包装造型、包装文字等要素，包装的色彩往往具有更强的视觉冲击力。因此，在进行产品包装设计时，设计师们都在色彩上追求给人留下欢快、愉悦、整洁的印象。就儿童产品包装而言，其用色也是有规律可循的，主体色彩对比应强烈，多为原色对比，高明度的颜色、暖色系更适合表达儿童的审美意象。另外，高饱和度的色相对比较热烈，给人以更鲜明的视觉感受，使画面欢快活跃、冲击力强、感召力强。在儿童产品包装设计中，无论是在同一色相还是在不同色相之间变化，均应体现跳跃性这一特征。

色彩设计对于儿童产品包装设计的画面装饰十分重要，其既是构成产品的要素之一，又是产品包装整体美的重要组成部分，因此，它是产品包装设计的中心环节。产品包装色彩的构思，主要应依据不同产品色彩的特殊性及色彩构成原理，同时也要把握住消费者的心理活动意向。

4.3.1　儿童对色彩的认知

不同年龄段的儿童对色彩的喜好也存在着一定的差异，但总体而言，鲜艳、明亮、高饱和度的色彩受到大多数儿童的偏爱，儿童往往不会在意或会忽视冷色系和混合色系。因此，在设计儿童产品包装时，设计师要根据不同年龄段儿童的审美需求对色彩进行恰当的调整。

新生儿表现出对明度的偏爱，其对低明度的颜色刺激注视时间更长，喜欢彩色，不喜欢非彩色。大约到 3 个月的时候，他们就可以识别出红色和黄色；4 个月的儿童则更喜欢红色、蓝色、紫色；自 18 个月起，儿童便具备了识别颜色的能力。

2~4 岁的儿童处于涂鸦期，在绘画时他们会更多地去接触或选择高饱和度的色彩。该阶段的儿童对色彩偏好的顺序通常为红、黄、绿、橙、蓝、白、黑、紫。

4~7 岁的儿童对颜色有了主观选择性，有着自己喜爱的颜色，在绘画时会在一个区域内选择自己喜爱的颜色填涂。该阶段的儿童对于颜色的认知较少，对色相、色彩的饱和度有了基本的认识。他们更加倾向于使用饱和度较高、对比度强烈的颜色。他们对色彩的喜好发生了变化，更加青睐橙、白、浅蓝、紫、深棕、品红、蓝、深绿等颜色，同时也能发现各种色调的细微特征。

7~11 岁的儿童对于颜色的认知和表达不同于以往，他们能够意识到现实中的客观事物与色彩表达之间的相互关系。因此，这一阶段的儿童对色彩表象的认知敏感度更高，儿童在固有色的基础上能够辨别出不同的同类色。他们对色彩的偏好也会表现出性别上的差异：男孩最喜爱黄、蓝两色，其次是红、绿两色；女孩则最喜爱红、黄两色，其次是橙、白、蓝三色。此外，儿童的色彩审美趣味会伴随着年龄的增长表现为由鲜艳、对比强烈向协调、柔和转变。

11~15 岁的儿童对色彩观察的细致度更高，他们对色彩有着更为具象和客观的认知。对于色彩的感知度也不再停留在简单鲜明的颜色上，而是逐渐开始接受具有灰度级别的混合色。到了青春期，他们在颜色偏好上会有一个转变，对蓝色的喜爱会超过红色。

对于儿童产品包装设计而言，设计师应针对不同年龄段的儿童选择其更青睐的颜色或色调。设计师掌握了儿童对色彩的认知规律，就掌握了用色的规律，就可以更好地在设计中应用色彩了。

4.3.2 儿童产品包装中的色彩表达

色彩不仅可以激发人的情感，还可以左右人的情感，儿童也概莫能外。基于儿童对色彩的联想较成年人来说内容更丰富、活跃的特点，设计师在进行儿童产品包装的色彩设计时，应准确抓住儿童的心理特征，充分激发儿童的色彩情感与色彩联想。在儿童产品的包装设计中，色彩表达主要体现在以下两个方面。

1. 情感的表达

包装设计中的色彩信息因人而异，每个人对于色彩的认知都来自其文化经验积累与主观情感，具有较强的个人主观性。因为民族、地域、文化、习惯及个体差异不同，所以不同的人对于色彩的情感认知也不尽相同。色彩在包装中的作用通常体现在情感传达的互动过程中，因此在进行包装色彩设计时，设计师首先要满足消费者的情感诉求，同时还要注重地域、文化性色彩信息的表达，使色彩在传达产品属性时具有亲和力与针对性。

　　在儿童产品包装中，色彩要做好连接儿童与产品之间的情感桥梁，以此与儿童进行情感上的沟通与协调。设计师掌握并准确应用色彩与情感结合的规律，才能充分发挥色彩在产品包装中的情感表达作用，进而引起儿童情感上的共鸣。儿童具有极强的想象力与丰富的色彩联想力，因此，设计师在儿童产品包装上，应该采用令人感到欢快、愉悦的色彩，这样不仅在视觉上相对热烈且更鲜明，还可以让画面具有冲击力与感召力，进而能够更好地激发儿童的色彩情感。

　　俄罗斯儿童日用品品牌 MAPA 旗下共有 5 款儿童日用品，包括保湿霜、沐浴露、保湿喷雾、爽身粉及泡泡沐浴液。设计师 Olga Sereda 为该系列的包装绘制了一组父亲与孩子互动的温馨插画，再现了日常生活中父子拥抱、游戏的亲昵互动场景。包装在色彩上采用蓝色和红色作为主色调，冷暖对比强烈，蓝色代表清纯的爱，红色代表热情、活泼。两种色彩交织在一起，结合孩子与父亲的互动，不仅营造出和谐、关爱、温馨的情感氛围，也刻画出父亲对孩子的浓浓父爱。这样情感充沛的设计，在体现品牌文化的同时，还能与消费者建立情感联系，触及他们的内心。儿童日用品系列包装如图 4-20 所示。

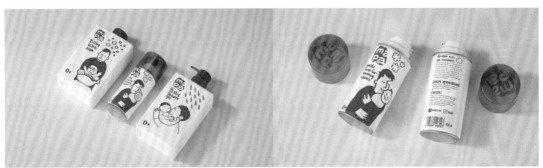

图 4-20　儿童日用品系列包装

图 4-20　儿童日用品系列包装（续）

2. 产品属性的表达

符合并突出产品的内在功能与属性，是包装色彩设计的另一项重要使命。色彩作为包装设计中的重要视觉元素，不仅是构筑包装审美体系的重要手段，还具有强烈的宣传促销作用。产品的特性信息往往是通过色彩传达给消费者的。不同的色彩因色相、明度、饱和度等属性的差异，使人形成不同的色彩认知与感受。因此，设计师应根据产品的属性、功能、应用等因素选择不同的色彩进行表达，如产品的轻重、软硬、冷暖、大小、安全等因素均可以选择对应的色彩进行表达。需要注意的是，不同的文化范畴中对于色彩的理解与认知存在着较大的差异，所以设计师也应注意色彩的文化性因素。

色彩的此项功能在儿童药品包装上体现得尤为突出，例如，在儿童药品包装上，绿色代表止痛镇静药，蓝色代表消炎退热药等。通过色彩来突出药品特定的用途及特征，消费者可以避免许多不必要的麻烦。在其他类型的儿童产品包装中，消费者也可以通过色彩来区别产品的属性。如针对不同口味的果冻或饮料，消费者可以通过色彩来区分。哆猫猫儿童可吸果冻系列包装（见图 4-21）就用色彩来表达口味：蓝色的蓝莓、绿色的苹果、粉色的桃子、紫色的葡萄。该系列包装通过可爱猫咪的卡通形象与绚丽色彩的运用，在视觉上形成了较大的冲击，可以激发儿童购买和食用的欲望。

图 4-21　哆猫猫儿童可吸果冻系列包装

4.3.3 色彩的应用方法

色彩作为儿童产品包装中最具感染力的视觉元素，不仅可以起到视觉美化的作用，还具有文字、图形所无法替代的表达功能，甚至在某种程度上可以跨越语言、文字、地域的差异来传达产品属性。市场中的某款产品能在众多产品中突出重围，很大程度上得益于其所选用的包装色彩及其外在表现形式。包装设计中的色彩是一门独特的设计语言，视觉冲击力强的配色方案能够带给儿童别样的情感体验。除此之外，色彩还具有心理暗示作用，因此儿童常常会因为产品包装使用了某些颜色而产生情感连锁反应。设计师在进行儿童产品包装设计时，应注意准确把握色彩的使用，设计符合产品属性、儿童审美的色彩组合搭配，进而促进包装信息的传达，并获得儿童情感的认同。

1. 吸引儿童的眼球

在当前的儿童产品市场上，琳琅满目的包装让人目不暇接，如何快速获取儿童的关注与提升产品、品牌的识别性是产品营销的关键。众多调查与实验表明，色彩被普遍认为是能吸引儿童眼球的重要元素，它能赋予包装情感，还能激发儿童对产品的购买欲望和探索热情。

由 Backbone Branding 设计的果酱包装（见图 4-22），曾是 Marking Awards 2020 全球 TOP41 食品包装设计获奖作品。果酱是西式早餐中最重要的配料之一，这款包装以一种全新的方式让儿童开启它，改变了儿童对果酱的看法，吸引了他们的眼球。设计师将传统的单一的吃果酱的过程变成一项有趣的活动，变成一种互动、有趣的日常仪式。其灵感来源于画家的调色板，给人以色彩斑斓的视觉感受。每个"调色板"包装含有 5 个装有不同口味果酱（草莓、无花果、南瓜、桃子和牛油果）的小罐子，每个罐子里有儿童每天从果酱中推荐摄入的糖分。这些美味的果酱就像彩色的颜料一样，每天早晨都让这些小艺术家们迫不及待地发挥他们的想象力，用勺子做的画笔在面包做的画布上肆意挥洒。

图 4-22 果酱包装

图 4-22　果酱包装（续）

2. 合理运用产品色彩

当同一类产品有不同子类或不同性质之分时，人们往往要借助色彩予以识别与区分。总的来说，包装设计可以通过用色、构图、表现手法等来展现产品的属性。

人们通过从自然生活中获取的知识和记忆，形成不同产品的形象色，形象色会直接影响消费者对产品内容的判断。在反映产品的内在品质时，采用了产品形象色的包装能留给消费者较深刻的印象，更容易被选择和记忆。运用形象色让消费者对产品的基本内容和特征做出判断，这是当前包装设计中色彩应用的常用手段。

不同的色彩会让人在视觉甚至味觉上产生不同的感觉，如果产品包装色彩运用得当，不仅能让产品与消费者之间建立起一种默契，还能带给消费者舒适宜人的感觉。例如儿童食品包装色彩多以明快、温暖的暖色调为主，以表达食品的口感、味道等属性；儿童电子产品包装色彩则多采用冷色调、辅助暖色调，象征着高级、精致等属性；婴童用品包装则多以柔和、淡雅的色彩为主，表达出母婴温柔、生命之初等属性（见图 4-23）。

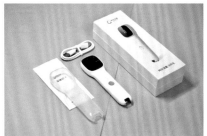
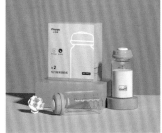

图 4-23　儿童食品包装、儿童电子产品包装、婴童用品包装（从左至右）

产品的固有形象色可以从一些色彩的名称中得以体现。例如，以植物命名的咖啡色、草绿色、茶色、玫瑰红等，以动物命名的鹅黄色、孔雀蓝色、鼠灰色等，以水果命名的橙黄色、橘红色、桃红色、柠檬黄等。将产品的固有形象色直接应用在包装上会使产品信息清晰明了。这些将产品本身的色彩再现于包装上的手法能让人产生"物类同源"的联想，进而提升产品包装的表现力。

图 4-24 所示的是一款水果饮料包装。这款水果饮料包含多种口味，消费者通常不会直接去看包装上的标签文字，而是通过包装的颜色来判断口味并进行选购。这样的包装不仅直观地向消费者传达了产品信息，也为他们选择产品口味提供了便利。

图 4-24 水果饮料包装

3. 打破传统思维理念

为了体现与其他产品的差异性，在包装上尽量不要选择和同类竞争产品太过相似的色彩，可以选择与竞争产品包装相反的色彩，以加深消费者对品牌特有的印象。

考虑到如今乳制品种类繁多，货架上摆得数不胜数，吸引人眼球的包装设计及独特的销售主张是产品在竞争中脱颖而出的必要条件。由亚美尼亚品牌 Unblackit 设计的牛奶包装（见图 4-25），正是一反传统做法而使用黑色的包装纸来包裹住透明玻璃瓶里的牛奶产品，令人耳目一新。当该款牛奶产品被买回家后，消费者沿着具有艺术效果的黑点慢慢撕开包装纸后，展现在眼前的是带有奶牛黑色斑纹图案的瓶身，这给消费者带来了满满的惊喜。设计师将游戏功能赋予包装，打破了传统模式，创造了一款能带来独特体验的互动产品，大大提升了产品的价值和品牌的美誉度。

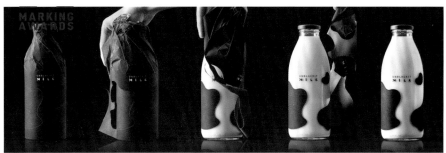

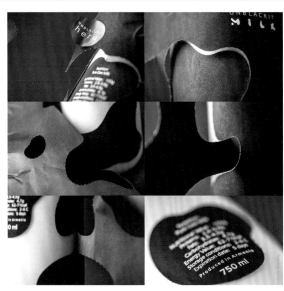

图 4-25　牛奶包装

4.4　造型的趣味与创新

"象以载器，器以象制"，任何产品包装的基本功能均主要体现为有利于保护产品与方便消费者的使用，进而促进产品的销售，实现产品价值。造型作为产品包装的重要表现方式，一方面决定了包装稳定与坚固与否，另一方面决定了包装的整体形态。因此，包装的造型对于其基本功能的实现意义重大。

儿童产品包装的造型设计是经过构思将具有包装的功能及外观美的容器造型，以视觉形式加以表现的一种活动。儿童产品包装的造型设计要根据被包装产品的特征、环境因素和儿童的需求等选择一定的材料，采用一定的技术方法，科学地设计出内外结构合理的容器。

受现代主义风格的影响，几何图形大量被使用在现代产品包装造型中，人们已渐渐习惯产品包装的造型以物的形态展示。但这种几何图形的产品包装造型如果缺乏活力与趣味性，就无法唤起儿童对它们的兴趣与注意力。因此，在儿童产品包装设计中，我们除了要在图形、色彩等平面元素的设计方面掌握儿童视觉倾向与心理规律，也要在包装造型方面从儿童的认知规律出发，创造出能够最大限度吸引儿童注意力的造型设计。

4.4.1　儿童对造型的认知

我们要服务的对象是儿童，因此要充分考虑儿童对形、线的认知和感受。这就决定了儿童产品包装的基本造型的变化。在儿童产品包装造型中，形、线是构成容器外形轮廓基本的元素之一。儿童更喜欢的是具有动感的曲线。所以我们在把握形、线的变化设计中，要采取以曲线为主，曲、直线结合的方式，以线条构成面，并在其连接处采用圆弧角过渡，或者采用加饰线过渡的方法。这些局部细节的处理会直接影响到包装的造型。

儿童有着贪玩、好动的特点，对无兴趣的物体往往会表现出注意力不集中。对过于理性、冷静的包装造型，儿童一般都不愿理解与接受，这种设计只会让儿童感到乏味和厌倦，无法吸引他们的注意力。新颖、奇特的造型则会赋予包装一定的个性与独特魅力。我们应尽力朝这个方向努力，利用儿童好动、注意力不易集中的特点，让儿童较为持久地感受到包装造型带来的魅力，满足儿童对趣味性、新颖性的需求。与此同时，我们还可以激发儿童的好奇心与想象力，让儿童对产品产生浓厚的兴趣与探索欲。

4.4.2　儿童产品包装中的造型表现

新颖、有趣的儿童产品包装造型表现形式多种多样，基于儿童对造型的特殊认知，我们将儿童产品包装较为新颖别致的造型表现形式主要分为拟态造型、仿生造型及卡通造型3种。

1．拟态造型

通过模仿大自然中某些事物的外形来获得设计的灵感，我们把这种模仿称为"拟态"。自然界充满了各种美妙的事物，不管是陆地、海洋、丛林、沙漠等自然环境，还是种类丰富的动植物，都有着非常值得人们去探索研究的无限可能性，它们也能给设计师带来无限的创意灵感。

在儿童产品包装造型设计中，拟态造型的包装有着自然的和谐美与趣味性，使儿童在与包装的接触过程中感受到轻松愉悦的氛围。通过直接借用、移植、引用或代替等表现方法对自然环境或事物进行具象或仿真的模拟，既符合儿童视觉认知习惯，又贴合儿童好奇心强和想象力丰富的心理特征。

荷兰一家设计公司 Bowler & Kimchi 推出一款十分特别的豌豆网球袋包装（见图 4-26），它模拟豌豆荚造型，设计巧妙又有趣，令人耳目一新。半哑光硬塑料使四颗网球夹在适当的位置，但其又有一定的弹性，给予了将网球从"豌豆"的前部拉出的足够空间。一个钩子从"豌豆"的顶部延伸出来，模拟了豌豆柄的自然形状，人们可以借此将其挂在店内或网球场的网栅上。该包装的拟态造型不仅非常新颖，而且有助于激发儿童打球的热情。

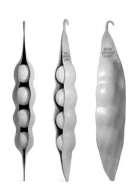

图 4-26　豌豆网球袋包装

2．仿生造型

仿生是一种生物模拟另一种生物或模拟环境中的其他物体从而获得好处的现象。仿生设计则是模仿生物的特殊本领，利用生物的结构和功能原理来设计产品的方式，而不仅仅是形态的仿造。同理，仿生包装就是通过模仿自然生物的造型、功能、结构，设计而成的包装。

设计师要进行产品包装的仿生造型设计，就应该基于对自然界不同生物的充分认识，挖掘其与产品包装的内在的奇妙与趣味联系，模仿它们特殊的造型、功能及结构，利用仿生学的思维进行创造性设计。仿生造型不仅要在视觉上给予消费者审美上的联想，还能将自然生物的生态特点赋予产品包装，让其拥有鲜活的生命力。

可伸缩硅胶笔袋包装（见图 4-27）就是模仿了节肢动物的骨骼结构。该笔袋的材质柔软而富有弹性，不易变形，十分耐脏且易清洗。儿童只要轻轻一拉笔袋，它的长度就能从 145mm 变成 215mm。长度随心调，而且可以在任意位置停留，方便儿童取出长度不同的笔，其顶部设有拉链开口，使用方便。

图 4-27　可伸缩硅胶笔袋包装

3．卡通造型

无论是表现为图形还是表现为文字，卡通形象越来越频繁地出现在众多儿童产品包装中。卡通造型无疑是现代儿童产品包装中的"宠儿"。卡通造型主要是运用卡通的风格和曲线，以宣扬趣味性为主的一种展现特殊产品包装的造型表现形式。

儿童产品包装的卡通造型设计，主要运用替换的手法，在不影响产品包装功能的基础上，将产品包装的造型以儿童喜闻乐见的卡通形态呈现。一般情况下，这些卡通造型会有着可爱、夸张的表情，设计师还会赋予它们鲜艳醒目的色彩，使其呈现出充沛的生命力。此时，包装已不仅仅是物，还是一个儿童喜爱或熟知的卡通形象的真实再现，更是一个可爱的玩伴，因而往往能深得儿童的喜爱。

迪士尼糖果礼盒包装在造型设计上，就运用了儿童熟知的卡通形象米奇（见图 4-28）。生动可爱的米奇双手捧着脸，笑盈盈地看着你，带着动画片里角色赋予的性格属性，趣味盎然，极大地满足了儿童对趣味性与审美性的需求。儿童在食用完糖果以后，包装依旧可以作为儿童的储钱罐实现再利用。

图 4-28　迪士尼糖果礼盒包装

4.4.3　造型的设计方法

　　包装的造型设计不是独立的，它必须与结构设计相互协调。造型与结构的关系就如同建筑的造型必须受框架结构的制约一样。包装的造型与结构是相辅相成且缺一不可的。因此，我们在考虑儿童产品包装的造型设计时，必须对包装结构有充分的了解。

　　包装结构是指包装的不同部位或单元之间的构成关系。包装的结构设计通常从包装的保护性、便利性、复用性等基本功能和实际生产条件出发，对包装的内外结构进行优化设计，侧重于技术性、物理性方面的使用效果。随着新材料的研发与新技术的进步，包装结构设计也有了相应的发展，人们开始追求更合理、更实用及更美观的包装效果。

　　若要实现儿童产品包装有特色，则我们应注重包装造型设计上的交互性，而这又需要以包装结构设计为依托。如果儿童产品有了趣味性的造型结构设计，那么儿童消费者在使用包装时往往能够与产品之间产生有趣的火花。我们可以通过以下几种方式来实现。

1. 便捷的开启方式

　　由于儿童的逻辑思维能力、注意力、记忆力等方面都尚未发育成熟，其耐心往往也不足，因此如果一款产品的包装结构设计较为复杂，操作起来比较烦琐，就会使儿童心生抵触。在进行造型与结构设计时，我们应尽量提高包装的易用性。在儿童产品包装设计中，除了关注图形、色彩、文字等几大设计要素，在造型结构上对开启方式进行设计也是一个重要的部分。在琳琅满目的产品包装市场上，消费者面对创意层出不穷的视觉设计已产生了审美疲劳，而以便捷的开启方式打破传统包装结构设计的模式，无疑增强了包装的吸引力与生命力。可见，便捷的开启方式设计将是一个提升儿童产品包装设计空间的新的突破口。

　　一款谷物酸奶包装（见图 4-29）就创造了一种便捷的开启方式。它打破了传统谷物酸奶的包装结构设计模式，将原本的多步骤简化到 3 步完成，即"折一折""撕一撕""翻一翻"，3 步就可让消费者享受到美味。这种便捷的开启方式不仅可以避免儿童把谷物弄得到处都是，而且可以让儿童花最少的精力完成使用过程，这必然会让他们对该产品产生好感，成为它的忠实客户。

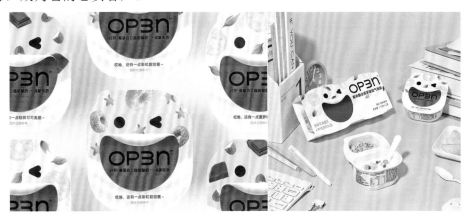

图 4-29　谷物酸奶包装

2. 造型结构的多用化

产品包装造型结构的多用化主要指打破单调乏味的造型结构，使包装具有重复利用或其他实际功能，达到一物多用的效果。这不仅能将包装的功能发挥到最大化，延长包装的使用寿命，还可以为企业节省成本，更让消费者有物超所值的满足感。

美乐童年水粉颜料全家桶包装就实现了"一桶多用"的设计（见图4-30）。在一个小小的桶里，不仅为儿童配齐了 33 件工具，还满足了儿童绘画的所有需求。这个桶的每一层都有不同功能：第一层桶盖的反面就是颜料盘；第二层是颜料盒，两边可收纳颜料，中间可存放画笔；第三层是透明的洗笔桶，分区洗笔不会串色；桶中间的小孔还能存放吸水毛巾，方便清洗画笔后将水分吸干。桶两边有提手，方便儿童去户外写生时携带。"一桶多用"的设计搭建了包装与儿童之间的桥梁，功能与便捷并重，既有趣又轻松，可以很好地提高儿童对水粉画的兴趣。

图 4-30　美乐童年水粉颜料全家桶包装

3. 造型结构的互动性

随着生活水平的提高，人们对消费体验的要求也在不断提高。普通的产品包装已经无法提振消费者的购买激情。而在造型结构上突破常规、加入互动元素的包装，则更能给消费者带来意想不到的乐趣，从而激发其兴趣。

互动性包装设计就是利用产品的某一特点，设计一些可以让消费者看得见、摸得着的体验细节，这种近距离接触的交互体验会给消费者带来非同一般的感受。而在儿童产品包装中加入互动性设计时则不仅要激发儿童的使用兴趣，还要引导儿童正确使用产品，同时还要满足儿童的好奇心、审美诉求等。这是设计师结合包装的造型、结构、材料、风格，以精心设计的互动给予儿童一种动态的、综合的体验过程。这类互动性包装设计能极大地满足儿童的精神需求和情感认同。

由 Spin Master 设计的派对蹦跶女孩（Party Popteenies）玩具包装，可谓别出心裁。打开包装的过程，就是做一个互动小游戏。整款包装造型被设计成一个简单的圆筒，其内暗藏机关。当儿童撕开底部包装，用力旋转后，包装内的人偶玩具就会随着彩带一起蹦出来。这款产品采用盲盒的形式，大大激发了儿童的好奇心和购买欲。独特的包装和造型设计赋予了该产品独特的魅力和吸引力。派对蹦跶女孩玩具包装及视频如图 4-31所示。

01 撕开底部包装　　02 内藏惊喜小配饰

03 旋转一下 "POP"　　04 彩带喷出 获得小天团人偶

图 4-31　派对蹦跶女孩玩具包装及其视频

互动性包装设计的另一个特点是可参与性强，能让儿童在接触包装的过程中体验到互动的乐趣。设计师应充分考虑消费者的参与心理，以包装本身作为产品的媒介，设计好从产品陈列到打开包装，再到使用产品过程中每一个互动性步骤所传递的信息，引导消费者在使用产品时与自己进行思想上的交流。

说到种植盆栽，大家或许不陌生。通常儿童购买的 DIY 小盆栽里的种子都是用普通塑料袋包裹的，十分简陋且毫无互动性，而一款儿童盲盒种植种子包装（见图 4-32），却采用了趣味十足的棒棒糖形式。"棒棒糖" 其实是肥料、黏土、椰棕及其包裹着的种子，儿童只需先将它的三分之二长度插入土内，再加水帮助种子破土即可，种植方式十分方便，种子的发芽率也高。种子被插入土壤后，儿童还能在木棒上记录下种植日期，或者写下心愿，抑或是画上专属自己的标记。这种种植包装采用艺术的方式，以便捷趣味的设计，不仅颠覆了传统模式，还让种植变得简单又具有互动性，从而获得了不少儿童消费者的青睐。

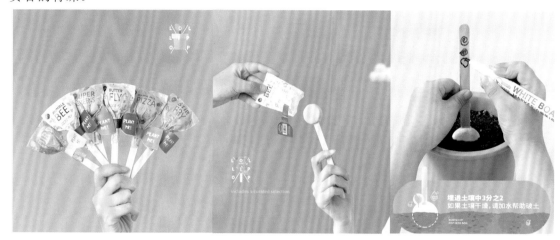

图 4-32　儿童盲盒种植种子包装

又如得力文具的一款儿童"魔术盒"橡皮包装（见图 4-33），设计师将儿童喜爱的魔术游戏与橡皮包装结合起来，形成了趣味的互动效果。该包装外形采用可爱的雪糕造型，搭配马卡龙色，印有手绘风格的插画，十分吸引儿童的眼球。"魔术盒"侧边设有小机关，正常抽拉下，盒子里空无一物；机关开启后，抽出小盒子，里面的橡皮就会出现，魔术游戏满足了儿童的好奇心。

图 4-33　儿童"魔术盒"橡皮包装

互动性包装设计的优势在于可以让消费者感受到产品，拉近产品与消费者之间的关系。别出心裁的包装造型不仅可以引导消费者购买，还能将使用产品变成一种休闲娱乐，通过互动性加深消费者的记忆，使其渐渐形成品牌意识，树立起品牌忠诚度。

4.5　材料的环保与科技

作为儿童产品包装设计师，认知包装的材料对学习包装创意设计有着非常重要的意义。目前，市场上有各种用不同材料设计出来的儿童产品包装，与儿童产品包装相关的材料主要有纸质、塑料、金属、玻璃、绿色及智能材料等。根据不同儿童产品的属性，设计师可以选择不同的材料来为其进行包装设计。在这个过程中，设计师一方面要解决包装的功能需求，另一方面要从材料的角度去认知包装创意设计未来的发展趋势。

4.5.1　儿童对材料的认知

材料是构成儿童产品包装实体的物质基础，包装的造型及结构都是通过材料应用得以实现的。在设计时，设计师应根据材料的不同特点，考虑材料与功能、材料与工艺、材料与儿童文化、材料与儿童消费者的相互作用，从而使包装能够实现预期的功能，满足儿童的需求。材料具有丰富的视觉、听觉和触觉效果，并具有文化性和时代性的特征。设计师通过不同的材料来设计包装造型和进行搭配组合，可以得到各种各样的视觉效果。创造性地使用材料进行产品包装设计，将对儿童的触觉、视觉等感知觉产生正面刺激，并激发儿童对产品的好奇心和购买欲。

就包装材料的视觉效果而言，本章 4.1～4.4 节已经分别从图形、文字、色彩、造型 4个方面予以论述，在此仅就材料的触觉效果做初步的探讨。

人通过触觉能够感知到材料的属性，如重量、肌理等。通过触觉感官，儿童可以感受到温度、粗糙度、光滑度、湿度等不同的物体属性，这同时可以提升大脑的辨别能力、反应能力和类比能力。就产品包装而言，每种材料会带来不一样的触觉感受，如纸质有柔软感、金属有坚硬感、塑料有光滑感等。不同的材料（见图 4-34）会给儿童消费者带来不同的触觉体验。对于触觉体验的喜好在很大程度上左右了儿童对产品及其包装的热衷度，因此包装材料的触觉体验也是设计师要考虑的基础问题之一。

图 4-34　不同的材料

除此之外，设计师还应该对儿童的触觉发展规律有初步的了解和认知。

毫无疑问，触觉是儿童探索这个神秘世界、探索自身的最重要的手段。婴儿在出生时就已经具备了超出成人想象的发达触觉。婴儿的嘴唇、手掌、脚掌、前额、眼皮都是非常敏感的部位。由于具备了抚触条件，良好的触感对婴儿的情感发展起到了重要作用。

0～3岁的婴幼儿出现了试探性啃咬现象，这种现象会随着年龄增长开始减少；而用手进行细致触摸的现象逐渐增多。整个发展过程也正体现了让·皮亚杰的"触觉与视觉结合并用手操控物体的过程是早期认知发展的基础"的观点。

3～6岁的儿童已经可以通过触觉感受不同的材料，分辨出物体之间的区别。在为这一时期的儿童设计产品包装时，设计师可以通过与视觉结合的方式来提高其在触觉上的感知能力、形象思维能力，达到促进脑部发育、激发创造力的目的。

6岁以上是儿童增长知识的重要阶段，其感知觉各方面都得到了迅速的发展，触觉也日趋成熟。

4.5.2 儿童产品包装中的材料表现

在儿童产品包装中恰当地运用材料，不仅有助于实现保护产品、准确传达产品信息、吸引消费、提升产品价值的功能，而且也有助于满足儿童对产品的物质和精神诉求，以及审美需求，同时也符合建设节约型社会和可持续发展的战略。下面将对在儿童产品包装中应用得较为广泛的几种材料分别进行论述。

1. 纸质材料应用最广泛

在现代包装设计中，纸质材料无疑是应用历史最悠久、应用范围最广泛的材料。纸质包装所具有的优良个性，使它长期以来备受设计师和消费者的青睐。纸质包装在整个包装业的产值中约占50%，全世界生产的40%以上的纸和纸板都是被包装生产所消耗的，可见纸质材料的使用之广泛、地位之重要。其特点如下。

首先，纸质材料的种类繁多，甚至可以说不计其数。据不完全统计，仅仅在市场上可见的特种纸就超过了两万种，还不包括传统的手工纸和纸制的板材，其中应用较为广泛的主要有牛皮纸、白卡纸、鸡皮纸、羊皮纸、仿羊皮纸、纸袋纸、胶版纸、瓦楞纸、石蜡纸、玻璃纸等，还有一些用于儿童食品包装的专用复合纸材，如保鲜纸、镀铝纸、覆膜纸等。丰富的纸质材料展示出了丰富的视觉效果，同时也给设计师留出了大量的选择空间。

其次，纸质材料的可塑性强，这使其成型比其他材料更容易。通过裁切、印刷、折叠、封合，我们能较方便地把纸质材料制作成各种造型。纸质包装容器种类繁多，按形体可分为纸盒、纸箱、纸袋、纸杯、纸碗、纸罐、纸筒、纸浆模塑制品等。

最后，纸质材料能多次再生利用。纸质材料与其他材料复合制成的纸制品，已部分替代了玻璃、塑料、金属等包装容器，如牛奶的纸盒包装逐渐取代了过去常用的玻璃瓶。许多儿童食品包装、儿童日用品包装，以及新生儿精装特护礼盒都使用了纸质材料。纸质材料作为一种取之自然、能多次再生利用的材料，备受消费者的喜爱。

例如韩国的花生蜡笔包装采用了白卡纸（见图4-35）。触感细腻的白卡纸配上几何图案的设计，使得包装整体简洁又不失童趣。为了保护造型不规则的蜡笔，设计师在包装盒的内部对纸板进行了与蜡笔同形状的镂空设计或分区设计。各形各色的蜡笔在色泽柔和的单色纸包装的衬托下，显得格外引人注目。

图4-35 花生蜡笔包装

又如这款德国双立人的儿童安全厨师刀包装（见图4-36）采用了复古的棕色瓦楞纸材料，其外观看起来像一本书，封面上印有手绘风格的插画；刀具插画上的圆孔正好露出内里刀具上的Logo。儿童可以用彩笔在封面上美化自己的"刀具"，涂上自己喜欢的颜色。打开包装，内有存放刀具与食谱小册子的凹槽，扉页处印有简单的使用说明插画。

刀具属于五金类产品，而瓦楞纸较为柔韧结实，抗压且耐破度高，能很好地起到保护作用。另外，所选纸质材料略带粗糙的质感体现出古朴自然的美感，提升了包装整体的档次。

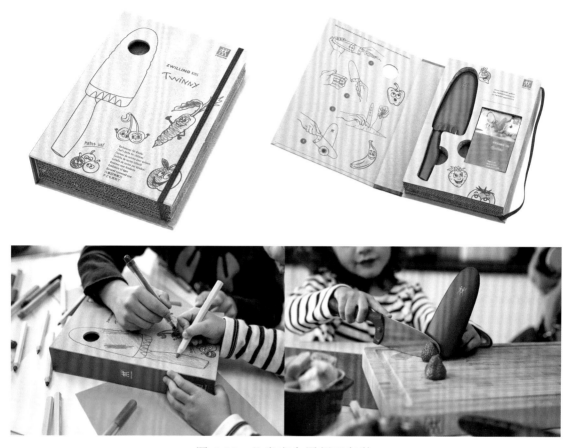

图 4-36　儿童安全厨师刀包装

2. 塑料材料占有很大的比重

近几年来，有关包装材料的技术和设计上的新发展、新突破都发生在塑料领域，塑料材料的潜力正在被发掘。根据受热加工时的性能特点，塑料可分为热塑性塑料和热固性塑料这两大类。热塑性塑料属于软性材料，在加热时可以塑制成型，冷却后则固化并保持形状，其主要品种有聚乙烯（PE）、聚丙烯（PP）、聚氯乙烯（PVC）、聚苯乙烯（PS）、聚酰胺（PA，即尼龙）、对苯二甲酸乙二醇酯（PET）等；热固性塑料属于刚性成型材料，在加热时可以塑制成一定形状，一般采用模压、层压成型。

塑料包装按其结构和形状可分为箱、桶、瓶、罐、盒、软管、袋、发泡纸品等。在儿童产品包装领域，塑料材料主要用来包装液体或半流体，如儿童沐浴乳、护肤品等。它具有强度高、质量轻、便于携带、不易破碎、耐热等特点，其柔韧性超过了几乎所有其他包装材料。除此之外，塑料瓶造型的优点还在于可展现瓶身美感，既有静态的稳定感，也有动态的流动感，具有一定的视觉美感。

　　例如 iBodle 婴童护理用品包装（见图 4-37），就采用了聚丙烯材质。其瓶身被设计成曲线形的花朵、树丛的形状。因为塑料具有可塑性，所以很适合这种异形造型，且具有很好的防水功能。白色的瓶身加上淡色系的瓶盖，给人以温润之感，传达了产品温和、无刺激的信息。瓶身上印有小天使的卡通形象，其可爱简单的手绘风格，也符合儿童的审美。

图 4-37　iBodle 婴童护理用品包装

　　图 4-38 所示的是一款儿童干果包装。干果这种产品的属性较为特别，需要进行防氧化、防潮湿包装设计，因此这款包装采用了不透光的、具有一定厚度的塑料复合材料。儿童通常会反复打开包装来拿取包装内部的干果。为了方便儿童的使用，设计师在该干果包装的袋口处进行了一个可反复打开与封合的结构设计，这既保证了包装的硬度，又方便了消费者保存和食用干果。

图 4-38　儿童干果包装

3．金属材料提供了更多的选择

金属包装是通过对金属板材进行加工而获得的一种包装，其加工所用设备多且庞大，制作工艺复杂，生产成本较高。因金属包装具有强度高、阻隔性能好、防潮、避光、外观独特、能回收再利用等特点，所以这种包装在包装行业中始终占据着重要地位。

用于包装的金属材料主要有钢铁、铝、铜、锡等。金属包装按形状可分为瓶、箱、桶、罐、盒、袋、软管等。

早在我国商周时期，青铜器的铸造就已达到鼎盛，而西方对金属包装材料的应用始于公元 1200 年。1620 年，德国南部的大公获得了镀锡铁皮这项技术，金属包装开始被广泛应用。17 世纪后半叶，人们开始用镀锡铁皮制作金属桶，用于盛装干燥食品。18 世纪，人们开始用食品罐贮藏食品。1810 年，英国人 Peter Durand 发明了用马口铁罐贮藏食品的技术，从此马口铁罐诞生了。20 世纪，随着铝的冶金技术的完善、轧制技术的改进和铝箔的出现，铝开始被广泛应用于包装行业。

用金属材料制作出来的包装具有炫目的光泽、艳丽的色彩、高贵的质感，让消费者过目难忘，爱不释手。很多儿童饮料、玩具的包装都选择了金属材料，其中不少都成为包装领域的经典之作。

例如，旺仔牛奶包装就采用了金属易拉罐（见图 4-39）。罐身不仅坚固，能很好地实现保护产品的功能，而且轻便小巧，便于携带。经典的红罐金属包装，再配上可爱的卡通形象，使该产品具有很高的识别度，让消费者能够轻易在货架上看到这一产品。再加上一句"你旺，我旺，大家旺"的广告语，旺仔牛奶畅销不衰，风靡了 60 多个国家和地区。

图 4-39 旺仔牛奶包装

有着 80 多年历史的德国 Haba 玩具品牌，推出了一系列益智桌游，其包装采用了马口铁材料（见图 4-40）。这样的金属包装既能较好地保护内部玩具，又能方便儿童外出携带，还能被反复使用。包装上可爱的卡通插画结合醒目的桌游名称，统一了包装的整体视觉效果，便于儿童选购。

图 4-40 益智桌游包装

4. 玻璃材料具有久远的历史

玻璃容器的使用已有几千年的历史，其基础材料在自然界中非常容易获取，如石灰石、纯碱、石英砂等。当这些材料经过高温加热熔化后，就形成了玻璃的液体形态，可以用来铸模成型。玻璃材料从外观来看可分为无色透明玻璃、有色玻璃、磨砂玻璃等。

玻璃材料因独特的特点而被广泛应用在产品包装中。例如玻璃材料因具有不污染食物的特点而被广泛应用于食品、饮料、酒类的包装；玻璃材料因具有较好的防酸、防碱性能而被广泛应用于化工产品（如化学药剂和溶液等）的包装。但玻璃包装较重、易破碎，容易给搬运造成不便，破碎后的玻璃还易对人造成伤害。

玻璃材料在视觉审美上也有一定的优势，这主要体现在较高的透明度、色彩丰富，还有折射反光等特点。玻璃材料的用途很多，它可以像钢铁一样坚硬，也可以像丝网一样柔软。如今人们又赋予它更多令人惊奇的形态加工方法，使它拥有出乎意料的用途。

玻璃材料在儿童产品包装中也占有一定的比例，由于具有优良的物理特性和稳定的化学性质，以及来源丰富、价格低廉、比较耐用而又能回收再利用的特性，其被广泛应用于儿童药品、洗护产品、食品等包装上。

亚美尼亚的 Beak Pick 品牌推出了一系列果酱产品，其包装采用不同规格的玻璃罐（见图 4-41）。玻璃材料是罐头类产品常用的包装容器，消费者可以直接通过透明的罐身看到罐子内部果肉的真实样貌。罐身上的插画采用将鸟儿与水果创意结合的表现手法，色彩丰富的鸟儿插画和新鲜的果肉形成对比，呈现出独特的视觉效果，同时也突出了产品的自然属性与追求健康生活的理念。

图 4-41　Beak Pick 品牌的果酱包装

玻璃材料耐热、易清洗，且不含双酚 A，遇酸性或碱性成分不会释放有害物质，安全性高，在煮沸消毒时也不会释放出危害人体健康的成分，这些优点使得它成为制作奶瓶的最佳材料。例如日本蓓特防胀气玻璃奶瓶（见图 4-42），该设计曾获得多项日本母婴产品大奖。其独特的弧形玻璃造型设计，可以防止用奶瓶喂奶时奶液流入婴儿的耳咽管，同时减少了婴儿打嗝和胀气现象的出现。由于这款奶瓶的造型独特，必须由日本熟练的手工艺人一支支地手工制作，所以很难实现批量生产，但卓越的品质依然使其在市场上广受好评。

图 4-42　日本蓓特防胀气玻璃奶瓶

5. 绿色材料是永恒的话题

包装材料绿色化的目的主要包括：减少废弃物的数量，缓解对环境污染和生态破坏的压力；节约资源，使废旧物品再资源化；减少包装给人体健康带来的伤害。落实到儿童产品上，包装材料绿色化包括材料的单一化、减量化、无毒无害化、易降解及高性能材料的选用等几个方面。

可降解塑料被认为是最具发展前景的绿色材料之一，它是一种被废弃后在自然环境中可快速自行降解、不造成环境污染的新型塑料。可降解塑料分为光降解塑料和生物降解塑料两类。光降解塑料在吸收紫外线后发生光引发作用，分裂成较低分子量的碎片，在空气中进一步氧化，降解为低分子量化合物。美国杜邦公司已利用该技术实现儿童饮料瓶生产的工业化。生物降解塑料是指在土壤微生物和酶的作用下能降解的塑料。

天然植物纤维材料也被认为是绿色材料的上佳选择。它一般是指除树木以外的天然植物，如棉秆、谷壳、稻草等都是可再生自然资源。天然植物纤维材料有良好的缓冲性能，无毒，无臭，通气性好，使用后能完全降解。例如利用可再生的植物原料（甘蔗渣、竹纤维）可制成餐具（见图 4-43），它源于自然，又回归自然，是安全可靠且环保的食品级包装材料，可降解，对环境不会造成破坏。

图 4-43　可再生的植物原料餐具

还有一些可食用的材料也是很好的绿色材料，目前世界上已有 10 多种可食用的包装材料，包括大豆蛋白可食性包装膜，壳聚糖可食性包装膜，蛋白质、脂肪酸、淀粉复合型可食性包装膜，水蛋白质薄膜，米蛋白质包装膜（纸、涂层），胶片和蛋白质涂层包装等。

　　我们比较熟知的可食用的材料是糖果包装上使用的糯米纸。图 4-44 所示为冰糖葫芦使用的糯米纸包装，它可以被直接食用。利用淀粉制成的食品包装膜也是可食用的材料，它以玉米淀粉、马铃薯淀粉为主料，辅以明胶、甘油等制成。此种材料在抗机械拉力、韧性、透明度和速溶性等方面都优于糯米纸。图 4-45 所示为由小麦粉、燕麦麸等食物制作而成的不同口味的燕麦杯包装，该杯子可盛放牛奶、冰激凌等食物，儿童可以将食物与杯子一同食用，杯子既是包装容器又是食物的一部分。这些可食用的包装既方便了人们的生活，又避免了包装废弃物污染环境。

图 4-44　糯米纸包装

图 4-45　燕麦杯包装

6. 智能材料是未来发展趋势

智能材料是指能实现某种特殊功能或效果的新型材料,在某种特定的环境或条件下具有感应、识别和可变的特点。这是一种发展前景广阔的功能性材料,对于未来的产品包装设计和制作尤为重要。

智能材料在包装设计中的用途十分广泛,技术发展也日趋成熟,其表现形式与类别也呈现多样化的发展趋势,如今行业中出现了许多技术成熟、表现亮眼的产品包装。基于材料本身及其应用在智能包装上所表现出来的功能特征,我们归纳出与产品包装联系较为密切的4种智能材料,包括发光材料、变色材料、水溶材料、活性材料。

发光材料是一种能够以某种方式吸收能量,并将其转化成光辐射(非平衡辐射)的材料。简单地说,该材料在受到激发(射线、高能粒子、电子束、外电场等)后,可以将处于激发态的能量(可见光、紫外线或近红外线等)通过光和热的形式释放出来,且具有一定的持续时间。其在视觉形式上与变色材料并无差异,都是通过颜色的变化来区分的,因此部分发光材料也被称为发光变色材料。

可口可乐公司为了给电影《星球大战9》造势,推出一款星战光剑可乐。其包装配备了柔性OLED显示屏(见图4-46)。当儿童按压包装纸上的特殊标签时,包装瓶上的雷伊和凯·洛伦手中的光剑就会发光,显得特别生动和切题。该款可乐一经推出立刻受到了喜欢星球大战的儿童的青睐。

图 4-46 星战光剑可乐包装

变色材料是指在外界激发源作用下,发生颜色变化的材料。这种材料一般对环境中的特定因素具有响应性与敏感性,如光电、温度、应力等;同时能够产生相应的颜色变化,其变化的效率、范围、样式、强度等受激发源与材料自身性能的影响。随着变色材料的生产技术逐渐成熟，越来越多的变色材料被应用于包装领域。

相对于传统材料而言，变色材料具有能自我感知周围环境变化、适时做出判断和采取相应视觉变化的特点，即具有感应、识别和可变性的特点，这使其在被应用于包装中时便具备了某些智能特征，可以模拟或代替人类的某些行为，实现更多特殊功能。变色材料主要分为光致变色材料、温致变色材料（温致变色的详细内容见"2.1.3 认知功能"）、电致变色材料及压致变色材料4种类型。

来自日本的 TAMA 儿童、孕妇防晒乳包装就是由光致变色材料制成的（见图 4-47）。在不同强度的紫外线辐照下，瓶盖会由白色逐渐变成不同程度的紫色，颜色越深，表明紫外线越强烈。如此，小小的瓶盖就成了一个紫外线测试仪，时刻提醒消费者注意防晒，这不仅具有趣味性，还增加了产品的附加值。

图 4-47　TAMA 儿童、孕妇防晒乳包装

水溶材料又称水溶性高分子化合物或水溶性聚合物，具有很强的亲水性，能溶解或溶胀于水中，形成水溶液或分散体系。在不同离子浓度、酸碱度、温度等因素的作用下，水溶材料呈现出的性能也不同，因此，我们可以通过调节外部条件，对水溶材料的水溶速度进行调控。而且，部分水溶材料具有环保可降解的性能，可以减少由包装废弃物所带来的污染问题，这类水溶材料逐渐成为未来包装行业的热门材料之一。在实际应用中，水溶材料具有多种存在形式，但与包装领域密切相关的主要包括水溶性薄膜材料、水溶性油墨材料、水溶性纸材、水溶性线材等。

Bebetour 宝宝专用洗衣凝珠包装就是利用水溶性薄膜材料制成的（见图 4-48）。在常温无水的环境下，包装不会溶解和渗透，而当包装遇水时，即会溶解，而且无残留；其额定容量可以清洁一桶衣物，从而解决了在机洗时洗衣液投放量不准的问题，避免了日常机洗过程中洗衣液的浪费。

图 4-48　Bebetour 宝宝专用洗衣凝珠包装

活性包装是利用活性材料来改变食品的包装环境（氧气与二氧化碳的浓度、温度、湿度和微生物等条件），以延长储存期、改善食品安全性和感官特性，同时保证食品品质不变的一种包装体系。目前，活性包装多应用于生鲜食品、医药品及日用品等领域，具有延长食品保质/保鲜期、为生鲜活物跨地运输提供保障，以及减少对人体的潜在性生物危害等功能。常见的活性包装有动物类和植物类产品的包装，如肉类包装、鲜鱼类包装、动物雏苗包装、菜苗包装、果（树）苗包装等。

近年来，我国包装领域的智能材料发展得十分迅速，在食品、药品、日用品等领域都获得了很好的应用。随着运用新材料技术（如纳米技术、印刷电子技术）的成熟，智能材料被应用于包装的难度也在大幅降低，这对智能包装的研发和普及起到了很好的推动作用。未来，智能材料将会在食品、药品、日用品等的包装领域发挥更重要的作用。

4.5.3　材料的应用方法

1. 传统材料体现文化之美

在古代，我们的祖先除了广泛使用陶器，还广泛使用竹、麻、草、纸、锦帛、兽皮等包装材料，用以盛装、贮藏、携带运输物品。农民、渔夫、商贩等处在各个社会时期、各个阶层的人，都离不开由这些材料制成的包装容器和日用品。

随着中华优秀传统文化传承发展的不断深入，越来越多的产品包装设计师将中华传统文化元素、民族特色元素融入包装，使其具有浓郁的中国特色。特别是儿童传统玩具、节令玩具等产品，其包装设计往往融入了与产品相关的历史文化，具有地域特点，让儿童消费者在玩耍的过程中，能受到中华优秀传统文化的熏陶。

为了表现产品包装的传统特色，除了可以在图形、色彩、文字上采用中华传统文化元素来进行设计，传统材料也是非常重要的设计元素。设计师要充分利用这些具有独特属性的天然材料，将其巧妙运用到产品包装设计中。

竹子是一种优质的可再生的传统材料，因为它坚固、耐用、环保且轻巧。竹子外形笔直、挺拔，质地坚硬，具有很好的柔韧性，且生长迅速，因此它一直以来都是非常理想的建筑、编织材料。用竹子做包装材料，其优势主要在于：首先，竹子经处理后，就可以长久保存而不容易变形、变质，其可被重复利用，使用周期长；其次，由于竹节是中空的，它可以作为天然的包装盒，而竹条可以进行编织，竹叶可以用来包裹物品；再次，竹子具有十分优美的纹理、自然的色泽、清新的香味。因此用竹子做包装往往会显得独具匠心，十分引人注目，无疑为产品增加了附加值，竹子可谓是绿色材料的"优秀代言人"。

竹编是我国的非物质文化遗产，历史悠久，竹篮、竹席、竹帘等一直沿用至今，而竹编的各种纹样也一直被人们所喜爱。图 4-49 所示的手工竹筒奶茶杯套包装，就广受儿童与成人的喜爱。传统材料与现代饮品碰撞在一起，给人们带来了不一样的视觉体验。它不仅成为当地旅游的招牌之一，也起到了传承非遗文化的效果。

图 4-49　手工竹筒奶茶杯套包装

图 4-50 所示的甩甩龙儿童舞龙传统玩具包装，是用传统材料——麻布制成的，方便儿童外出游玩时携带。麻布具有立体肌理效果，给人以天然、质朴之感。除了儿童可以使用，该包装还可供成人收纳手机、钥匙等随身物品，且易清洗，可反复使用，具有很强的实用性。包装上印有盘龙图腾 Logo，醒目又简洁，体现出传统元素之美。

图 4-50 甩甩龙儿童舞龙传统玩具包装

2. 纸质材料体现创意之美

纸质材料成本低廉，又便于印刷和制作成型，通过特种印刷工艺可以转变成各种精美的包装，产生奇妙的视觉效果，并且能够满足剪裁、折叠的要求。所以，使用纸质材料进行包装不仅可以实现较好的色彩还原，还可以满足精雕细琢的工艺需求，且实现的成本都较低。优秀的纸质包装设计往往可以充分展现纸质材料良好的物理性能与印刷的适用性等优势，并体现出纸质包装的容装性、保护性、方便性、展示性、美观性和经济适用性等特点，从而增加产品的附加值。

在儿童产品的包装设计中，设计师应充分利用纸质材料可剪裁、折叠、镂空的特性，结合图形设计，创造出奇妙的作品。图 4-51 所示为由中国的产品包装设计师设计的福气鱼零食包装，设计师利用纸质材料的特性，结合立体纸膜的结构，将一盏活灵活现的小鱼灯呈现在人们面前，无论是用作家居装饰还是携带外出游玩，都非常适宜，从而为产品增加了附加价值。该包装主要采用红色、黄色两种高饱和度、高辨识度的颜色，让锦鲤、河豚的形象更加突出，吸引眼球。在中国，锦鲤象征富贵、吉祥和安康；河豚的形象则非常讨喜，它鼓着腮帮的样子着实可爱，令儿童爱不释手。

图 4-51 福气鱼零食包装

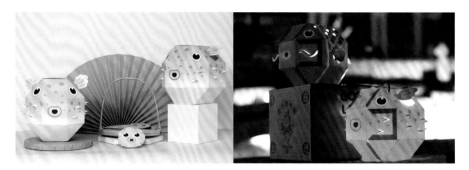

图 4-51　福气鱼零食包装（续）

3. 智能材料体现无限创意

智能材料具有较强的融合性，人们不断地将其与其他学科进行交叉融合，涉及材料、机械、力学、信号识别、自动控制、电磁学、计算机技术等多个领域，开发出集成度更高、功能更齐全、使用更便捷的智能系统部件，使得智能材料应用范围不断拓展。随着智能材料研发和产业化的不断深入，更多类型的智能材料被应用于包装产业。我们希望能够不断探索智能材料在包装领域的应用可能性，为营造一个科技化和可持续发展的社会创造条件。

Gululu 儿童智能水杯就是一款结合了"宠物养成"和喝水习惯养成概念的产品，其选用的具有互动性的智能材料将儿童的饮水体验变得很有趣，可以很好地解决儿童每日饮水量不足、家长需要时刻提醒饮水等问题。Gululu 儿童智能水杯具有多款鲜艳配色，其圆润的外形，给儿童带来舒适的触感；杯身正面内嵌可触控 LCD 显示屏，通过这个交互性的显示屏，儿童可以"认养"水精灵，家长也可以追踪喝水频率与饮水量；水杯下方有扬声器出音孔，用于播放音频和接收语音指令；在手机端安装相应的 App 后，家长就可以为儿童制定每日科学饮水目标，智能监测儿童的饮水情况。与水精灵的互动会给儿童带来快乐的喝水体验，从而激励儿童多喝水，形成良好的饮水习惯。另外，通过关联附近的两个 Gululu 儿童智能水杯，儿童可以让虚拟宠物一起玩耍，这更是拓展了儿童的社交渠道，能够助力儿童健康成长。Gululu 儿童智能水杯及视频如图 4-52 所示。

图 4-52　Gululu 儿童智能水杯及其视频

许多儿童在洗澡时都比较马虎，经常草草了事。图 4-53 所示的儿童洗发沐浴露小恐龙包装采用了温致变色材料，为儿童的洗澡过程带来了乐趣。当小恐龙包装遇到 38℃以上的热水时，就会从紫色变成蓝色，而从包装里挤出来的淡紫色泡沫，搓一下之后就会变成白色。这有趣的"变色"游戏将浴池变成了游乐园，可以让儿童边洗边玩，让洗澡有了极大的乐趣。

图 4-53   儿童洗发沐浴露小恐龙包装

4.6   拓展阅读书目推荐

1.《包装设计：品牌的塑造——从概念构思到货架展示》（[美] 玛丽安·罗斯奈·克里姆切克，桑德拉·A.科拉索维克，上海人民美术出版社）。

2.《包装设计原则与指导手册》（王雅雯，人民邮电出版社）。

4.7   思考与练习

1. 选取一种你觉得不错的包装材料，并谈谈其与市场上现有的哪款儿童产品可以进行结合。

2. 选取一种你感兴趣的智能材料进行深入了解，并谈谈你对该材料应用于包装的想法。

第5章 国内外成功儿童产品包装案例赏析

导读

本章将对国内外成功的儿童产品包装案例分主题进行深入的剖析与探讨。这些案例不仅展示了设计师们的创新思维和精湛技艺，也为我们提供了宝贵的经验和启示。在全球化背景下，我们要汲取多元化的文化元素，创造出具有国际视野和本土特色的包装设计。

我们选取不同国家和地区的儿童产品包装案例，每个案例都具有独特的设计亮点和创新之处。通过赏析，我们将知晓如何通过色彩、图形、材料和互动元素等设计要素来吸引儿童，如何考虑到产品的安全性、易用性和环保性，如何将创意与实用性相结合，以及如何在满足儿童需求的同时，吸引家长的注意力。

主要内容	本章重点
■ 动漫主题儿童产品包装案例赏析	■ 动漫主题儿童产品包装案例赏析
■ 国潮主题儿童产品包装案例赏析	■ 国潮主题儿童产品包装案例赏析
■ 文创主题儿童产品包装案例赏析	■ 文创主题儿童产品包装案例赏析

不同时代对产品包装有着不同的需求。当今世界发展日新月异，产品包装设计师必须坚持创新设计，张扬个性和魅力；融合文化，用作品与世界沟通；提升品位，彰显内涵和审美；关怀人性，迎合时代发展及需求。只有这样才能使自己的作品深入人心，为产品的成功添砖加瓦，并为消费者创造更多的价值。

儿童产品包装作为包装设计的重要分支，已成为儿童在日常生活中接触产品的一个重要媒介。儿童作为一个特殊的消费群体，有着自身独特的身心需求和审美偏好。成功的产品包装既可以最大限度地满足儿童需求，又可以在为产品增加附加值的同时助力儿童成长。

随着家长对儿童的教育和生活质量越来越重视，消费者对产品包装有了更高的要求。优秀的包装不仅要向人们展示美观而环保的包装材料、时尚而减量的包装外观、多功能而实用的包装细节，也要能够在培养儿童审美、引导正确的心理偏好等方面起到作用。

另外，优秀的产品包装也能体现企业理念，唤起人们特别是儿童的环保意识，给人们带来美好的生活体验。

本书通过3个不同特色的主题对国内外成功儿童成品包装案例进行赏析，以使大家对儿童产品包装的设计规律和技巧有着更加具体而深入的认知，从而开拓儿童产品包装的设计思路。

5.1 动漫主题儿童产品包装案例赏析

5.1.1 迪士尼的童话世界

创立于1923年的迪士尼是美国动画的典型代表，其核心竞争力就是精品动画品牌，在此基础上，迪士尼依靠延伸产业链建立了一个动画王国。2023年7月27日，License Global发布了2023年全球顶级授权商报告，迪士尼以617亿美元的授权商品零售总额荣登榜首。

2023年适逢迪士尼创立100周年，不少品牌纷纷推出与其联名的系列产品。各大品牌充分发挥设计巧思，结合迪士尼的奇妙童话故事创作出自己的产品包装，让产品包装市场百花齐放，让人目不暇接。

1. 迪士尼×乐高

乐高推出了"迪士尼经典动画100周年"联名玩具，其包装采用传统纸盒式结构，背景以高级的银灰色为主色调，结合玩具成品的摄影照片，回顾了迪士尼百年的经典角色。

包装右上角印有"100"字样，充分彰显了迪士尼 100 周年的辉煌。这款玩具套装共包含 72 个迪士尼经典角色，每盒积木可以拼搭其中的 9 个。儿童可以挑选自己喜爱的角色，创造一幅拼贴画，展示在墙上；也可以将其中一个经典角色放在小相框里，与乐高提供的独家迪士尼艺术家米奇公仔一起展示在自己喜欢的地方。乐高"迪士尼经典动画 100 周年"联名玩具包装及视频如图 5-1 所示。

图 5-1　乐高"迪士尼经典动画 100 周年"联名玩具包装及其视频

2. 迪士尼×中国香港美心

中国香港美心与迪士尼合作推出了以迪士尼经典动画 100 周年为主题的唱片机月饼礼盒。设计师以复古黑胶唱片机为创作灵感，包装罐选用马口铁材料，罐身以红色为主色调，其上印有多个迪士尼经典角色；罐盖为复古的咖啡色，透露出浓郁的迪士尼风格；每个包装罐还配有一个透明盖子，便于防尘；罐内放有 4 枚蛋黄白莲蓉月饼，每枚月饼上都印着米奇卡通头像的图案；月饼包装与手提袋也延续了包装罐的风格，采用红色为底色，卡通角色们围绕着月饼排列。儿童转动黑胶唱片可为八音盒上发条，而移动黑色指针就会听到歌曲 *It's a small world* 的旋律，即刻进入迪士尼奇妙之旅（见图 5-2）。在食用完月饼后，包装罐仍可以当作音乐盒或储物盒使用，这一设计既使产品包装寿命延长也让迪士尼的经典角色故事得以流传。

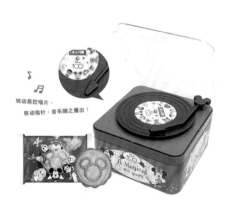

图 5-2　中国香港美心唱片机月饼礼盒包装

3. 迪士尼×日本国誉

日本国誉与迪士尼强强联手推出周年限定款文具，迅速获得消费者的青睐和好评。该产品采用 1928 年的米奇形象，包含笔记本、书包、笔袋、修正带等一系列文具。其包装整体以黑、白、红为主色调，图案风格为黑白漫画，复古而又经典（见图 5-3）。文具的包装盒则以可产生镭射效果的银色为主色，可以折射出不同光泽，其上布满了迪士尼经典角色的剪影，中间的 "100" 字样和迪士尼 Logo 则采用立体压印效果，体现出高端风范。

图 5-3　日本国誉周年限定款文具包装

4. 迪士尼×石塚硝子

　　日本石塚硝子联合迪士尼推出了复古儿童玻璃水杯。杯身印有迪士尼 60 年代的经典插画，结合琥珀色的复古杯型，显得风格别致；杯子可以互相叠加，方便收纳；锤目纹工艺使得杯子颇有层次感和淳朴感；而厚实的底部则让整个杯子都给人一种敦实的质感。每一个水杯都对应一个印有迪士尼卡通角色头像的包装盒，其材料选用的是复古牛皮纸，与杯子风格相呼应；水杯还配有手提式的纸质礼盒包装，可存放 4 个杯子，这个礼盒包装以复古红、蓝为主色调，配上复古的英文字体与米奇头像，充满了美式的怀旧感（见图 5-4）。

图 5-4　日本石塚硝子复古儿童玻璃水杯包装

图 5-4 日本石塚硝子复古儿童玻璃水杯包装（续）

5.1.2 哈利·波特的魔法世界

《哈利·波特》是优秀的儿童文学作品，最初以小说形式问世，后来又衍生出电影、动画和游戏等，在全世界都拥有大量的粉丝。正因如此，哈利·波特成了炙手可热的品牌联名对象。现在，哈利·波特已经开放了多个联名授权，好利来、泡泡玛特、天美意、膳魔师、得力文具等多个品牌都与其推出了联名产品，范围覆盖食品、服饰、日用品、文具等多个品类。

1. 哈利·波特×好利来

哈利·波特与好利来联名推出了两款中秋礼盒，分别名为"魔法世界"和"妖怪们的妖怪书"。两款礼盒从包装到月饼、配件，都以哈利·波特经典物件为设计原型，高度还原了小说中的物品，可谓精心设计，构思巧妙，令"哈迷"们惊叹不已。

其中，"妖怪们的妖怪书"包装（见图 5-5）由硬纸板、皮毛和塑料制成，看起来毛茸茸的，侧面则"长出了"怪物的牙齿与舌头，高度还原了小说中的课用书籍——妖怪们的妖怪书（见图 5-6）；打开包装，首先映入眼帘的是一张 9¾站台车票，盖子的背面贴着一封红色的"吼叫信"（产品介绍卡）。该产品配备的手提袋仿照《预言家日报》的设计风格，印制了不少魔法咒语；瓦楞纸制成的外包装盒上也印有猫头鹰配送标志、魔法部的盖章，以及各种贴纸，设计十分用心。礼盒里除了装有 12 枚极具巧思的月饼，还有两款随机魔杖，这些魔杖其实是可书写的圆珠笔，具有实用功能。

图 5-5　"妖怪们的妖怪书"包装

图 5-6　妖怪们的妖怪书

2. 哈利·波特×泡泡玛特

　　盲盒是"Z 世代"青少年热衷的潮流产品和社交名片，哈利·波特与盲盒的结合让经典 IP（Intellectual Property，知识产权）焕发新的活力，同时也让潮流产品更具艺术价值和收藏意义。被誉为中国"盲盒第一股"的泡泡玛特与哈利·波特联名，推出盲盒、徽章、毛绒公仔、数据线、水晶球、吸管杯等 10 余种衍生品。

　　其中，最受儿童欢迎的是盲盒。哈利·波特主题的盲盒共有 12 款，它们都被装在一模一样的纸盒包装里。该纸盒包装背景仿照《预言家日报》的设计风格，浅色的背景更好地突显了经典形象；纸盒正面统一印有哈利·波特手举海德威造型的玩具实物图片及哈利·波特英文 Logo，与 IP 主题相呼应；纸盒侧边印有全系列包括隐藏款在内的 12 个玩具的实物图片，较为清晰地向儿童消费者传递了产品的信息（见图 5-7）。

图 5-7　哈利·波特盲盒包装

3. 哈利·波特×天美意

在过去，入学礼被视为人生的四大礼之一，可与成人礼、婚礼、葬礼相提并论。如今，许多家庭对入学仪式也非常注重，其意在通过仪式，让孩子感受学习氛围，知晓尊重师长，树立"善""正"的行为规范，也寓意着新的征程从此开启。

天美意适时与哈利·波特联名，推出限量款"魔"样入学礼盒，给人以满满的入学仪式感。天美意限量款"魔"样入学礼盒包装采用了霍格沃茨款手提箱造型，四角做了复古金属包角，搭配皮质手提带，中间印有霍格沃茨徽章，尽显英伦风（见图 5-8）。入学礼盒还可当作收纳盒或家居摆件，很好地延伸了产品的使用寿命。

打开礼盒，首先映入眼帘的是一封来自霍格沃茨魔法学校的入学通知书；盖子内部有两个储物袋，一个盛放了笔记本模样的包装袋，里面放着"自由的多比"款的白色棉袜；另一个盛放了复古信封纸袋，纸袋上印有分院帽的标志，里面放着霍格沃茨款黑色贝雷帽；礼盒内还装着一个金色飞贼款邮差包和一双巫师款布洛克鞋。这样的高颜值开学礼物，谁会不爱呢？

图 5-8　天美意限量款"魔"样入学礼盒包装

图5-8　天美意限量款"魔"样入学礼盒包装（续）

4. 哈利·波特×膳魔师

德国品牌膳魔师创立于1904年，是享誉国际的全球高真空系统产品品牌。其联合哈利·波特推出成长双盖便携保温杯、高真空不锈钢吸管杯、儿童吸管保温杯等儿童保温杯系列（见图5-9）。图5-10所示的是其新出品的"霍格沃茨四大学院保温杯"，杯身上印有红、黄、蓝、绿4个学院标志性院徽，每个保温杯还配有经典巫师袍杯套，像4个活脱脱的魔法师，非常吸睛。喜爱哈利·波特的孩子一定不会错过它。

图5-9　膳魔师儿童保温杯系列

图 5-10 霍格沃茨四大学院保温杯

5．哈利·波特×得力文具

得力文具是家喻户晓的国民文具品牌，始终在文具领域深耕。2022 年，正值《哈利·波特》电影上映 20 周年，得力文具加入"魔幻世界"，开发了与哈利·波特联名的文具产品。这些文具产品在风格上分为四大系列：四大学院系列、三强霸赛系列、魁地奇比赛系列、人物卡通系列。

在人物卡通系列中，有一款小学生电动文具套装，其包装采用开合式纸质礼盒的形式（见图 5-11）。整款包装以宝蓝色为底色，中间印着哈利·波特作品中各个角色的 Q 版插画，符合小学生的审美。打开盖子后可以看到盖子内侧印着手拿魔法棒的哈利·波特人物插图，寓意着开盖即"魔范生"。礼盒内含电动卷笔刀、电动橡皮擦、铅笔、螺旋笔记本、硅胶防尘塞、橡皮擦替芯、卡通贴纸，全套产品与包装设计风格一致，宝蓝色系配上 Q 版的哈利·波特形象，充满了童趣。

图 5-11 得力文具小学生电动文具套装包装

5.1.3　宝可梦的神奇世界

宝可梦是由任天堂、Creatures 和 GAME FREAK 三家公司共同持有版权的连锁品牌，其制作了包括游戏、动画、电影、卡牌游戏、漫画和特许商品等方面的系列作品。除了游戏本身，宝可梦因具有跨文化魅力也享誉全球。调查报告显示，2022 年，宝可梦在授权和周边产品上的收入达到了 116 亿美元，同比增长了 36.5%，在全球排名第 5 位。

1. 宝可梦×凌美

德国的凌美与宝可梦联名设计了主题为探索世界、萌动无限的限量款钢笔套，共 4 款，每款钢笔套均有专属包装（见图 5-12）。这些包装上的内容在排版方式上相同，但又表现了差异化，在延续包豪斯风格的同时融入了萌系元素，在仪式感上下足了功夫。包装上的每个宝可梦都有与自己属性相合的栖息地，它们是设计师根据每个宝可梦的特点设计的各具特色的地形场景。其中，杰尼龟的场景灵感来源于华蓝市；小火龙的场景灵感来源于红莲岛的火系道馆；妙蛙种子的场景灵感来源于常磐森林；胖丁的场景灵感来源于其梦想的演唱舞台。

在这款产品的包装袋与包装礼盒上，设计师为杰尼龟、小火龙、妙蛙种子、胖丁 4 个卡通形象配备了专属色系，具有极强的设计感和较高的识别度。包装礼盒为抽拉式结构，可抽出放置钢笔套装的收纳盒，其外观设计极简，且富有科幻感；按下金属按钮即可打开收纳盒，盒子两边的设计灵感来源于宝可梦的情节，设计师将精灵球和图鉴相结合，还原了训练师在室外追寻宝可梦的场景；收纳盒的上半部分放置了个性配件（3D 的宝可梦公仔、挂件、徽章），下半部分则放置了钢笔的各种配件；收纳盒中间的精灵球被设计成可拆卸的，拆下米之后可以当作笔架，构思相当巧妙。

图 5-12　凌美限量款钢笔套包装

图 5-12　凌美限量款钢笔套包装（续）

2．宝可梦×正港

正港（ZGO）是一家专注潮流腕表的国内知名设计品牌，其联名梦可宝，针对儿童市场推出了一款儿童运动手表。设计师将手表的 LED 灯设计成精灵球形状，增加了手表的趣味性，黄与黑恰到好处的配色比例，又酷又萌。其包装（见图 5-13）在设计上也秉承了梦可宝的风格，纸袋、包装盒、圆形收纳盒都包含精灵球元素，红白配色既醒目又呼应 IP 主题，具有很高的品牌识别度，容易吸引儿童的注意力。

图 5-13　正港儿童运动手表包装

3. 宝可梦×萌萌罐

宝可梦与萌萌罐联名的萌萌罐也获得了市场的好评。其包装（见图 5-14）采用单独的易拉罐设计；色彩上采用丰富的渐变色做背景，搭配 POP 主题文字和玩具照片，风格酷炫，具有十足的潮流感；每款萌萌罐都搭配一款皮卡丘塑胶玩偶，一个系列共有 6 款；取出玩具后，儿童还可将萌萌罐当作笔筒或存钱罐来使用，这一设计使萌萌罐具有了收纳功能，使其得到了二次利用，延长了其使用寿命。

图 5-14　皮卡丘萌萌罐包装

4. 宝可梦×肯德基

2023 年年初，肯德基联名宝可梦推出了一系列新年玩具，包括皮卡丘儿童书包、皮卡丘灯笼、鲤鱼王灯笼等，其中皮卡丘儿童书包特别受儿童欢迎。该款书包（见图 5-15）采用硬壳立体结构，不易变形，外层为防水的 PU 材质；色彩上采用明亮的黄色，并用咖啡色做点缀，让人一看到这配色就能联想到皮卡丘的形象。包面上还印着两条可爱的小背纹，而皮卡丘的标志性小尾巴则带有隐形磁铁，可以吸在包面上，也可以垂在下方甩动，显得活泼可爱；书包上还附带一个皮卡丘挂件，十分惹人喜爱。

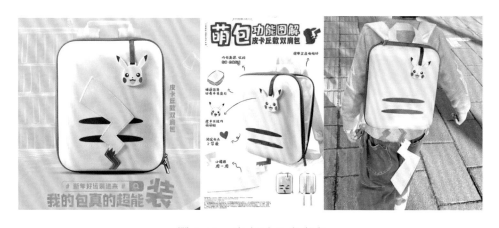

图 5-15　皮卡丘儿童书包

5．宝可梦×杯具熊

杯具熊是一家专注于日用品与母婴用品研发的 UI/UX 设计品牌，其产品包括保温杯、随行杯、文具、箱包皮具、母婴用品及个性化定制服务等。它与宝可梦联名推出了一系列儿童保温杯，其产品与包装都以黄色为主色调，皮卡丘可爱的表情与头像被印在包装盒、杯套、保温杯上，体现在每一个细节上。包装盒是一个长方形纸盒，上面醒目地印着皮卡丘的笑脸，仿佛在向儿童消费者打招呼；PU 材质的杯套由两部分组成，一部分是黑色的圆筒杯套，上面绣着黄色的闪电图案，另一部分是正面的立体皮卡丘头像口袋，方便儿童存放纸巾等随身物品；保温杯与包装盒的设计风格一致，充分体现了皮卡丘形象的特点，整体既统一又协调（见图 5-16）。

图 5-16　杯具熊儿童保温杯包装

5.1.4　名侦探柯南的推理世界

《名侦探柯南》是日本的一部经典推理漫画和动画作品，以复杂的推理和悬疑元素而闻名，拥有广泛的认知度，其受众群体涵盖了从 80 后到"Z 世代"的各个年龄段。目前《名侦探柯南》动画系列已经播出超过 20 年，并且每年都会有新的剧场版上映，依然活跃在大众的视野中。

柯南×DQ

DQ（Dairy Queen）是一家全球知名的冰激凌和快餐连锁企业，以中高端价位冰激凌为主要产品。近年来，DQ 通过产品创新、社交媒体营销等方式不断完成品牌形象的塑造，其与名侦探柯南合作推出蛋糕冰激凌等联名产品，消费者只要购买名侦探柯南联名蛋糕冰激凌就可以获得周边产品。

DQ 推出的蛋糕冰激凌等联名产品的包装以代表名侦探柯南校服外套的蓝色、代表领结的红色两种颜色为主色调，用黄色、白色进行点缀，这正好贴合了 DQ 标志的色彩。DQ 的暴风雪产品被加上了带有柯南经典动作插画的杯套，其尾部的红色领结既增加了童趣，也呼应了主题；外带纸袋及纸盒正面都以六宫格漫画的形式印上了名侦探柯南中的角色插画，纸盒侧面则在红或蓝的大色块上印着高中生新一或小兰的形象插画，DQ 系列产品包装在各个细节上体现了联名的价值，给消费者带来了满满的代入感（见图 5-17）。

图 5-17　DQ 系列产品包装

5.1.5　葫芦兄弟的传统世界

　　"葫芦娃，葫芦娃，一根藤上七朵花……"这首朗朗上口的动画片主题曲，是很多 "80 后""90 后"的童年回忆。即便是现在的儿童，也依旧爱看动画片《葫芦兄弟》。葫芦兄弟还当起了时尚界的弄潮儿，衍生出了大量联名产品。

葫芦兄弟×奈雪

　　奈雪携手上海美术电影制片厂推出了以《葫芦兄弟》为创意的产品——奈雪新春福禄茶，还带来了"福禄杯""福禄袋"等周边。作为果茶，这款新春福禄茶也可以供儿童饮用，亲子两代可以在一起喝茶的过程中体验葫芦兄弟带来的乐趣。

　　如图 5-18 所示，奈雪新春福禄茶包装的"福禄杯"一共有 7 个常规款和 1 个隐藏款。常规款杯子的色彩采用了葫芦娃的 7 种颜色，在图形上以银色的葫芦为背景，结合不同葫芦娃造型的插画；隐藏款则采用黄金葫芦背景与 7 个葫芦娃集合体的造型。常规款的杯身上印有不同的新春祝福语，如"红运当头，福禄到""橙功上岸，福禄到""黄金护体，福禄到""无忧无绿，福禄到""水逆青散，福禄到""万事不蓝，福禄到""紫气东来，福禄到"，隐藏款的杯身上则印有"新年来到，福禄到"。另外，"福禄杯"还附带同系列联名纸袋"福禄袋"，其与杯子设计风格一致，色彩丰富，细节到位，质感十足。

图 5-18　奈雪新春福禄茶包装

5.2　国潮主题儿童产品包装案例赏析

"国"代表了中华优秀传统文化的精粹，"潮"代表了时代的审美，"国"与"潮"的结合正是将那些古老、智慧又深入人心的文化，以新的形式表现出来，赋予其无限的生命力！这种新与旧的碰撞，正是"国潮风"的魅力所在。

近年来，随着中国国力和经济实力的逐步提升，国人的文化自信和文化认同也进一步增强了。年轻一代对中华优秀传统文化的喜爱与日俱增，并开始热衷于"东方美学"，这使得中国传统元素持续走在潮流尖端，消费品市场也因此掀起一股"国潮风"。这一风潮也使得各种儿童产品及其包装大放异彩。现在我们来看看一些成功案例。

5.2.1　会动的儿童压岁红包包装

在数字化时代，操作手机就可以发送红包，但是我们还是更想体验到亲手将红包赠予他人时的那份真诚和快乐。尤其是过年给儿童压岁红包，那更是一种仪式感，饱含了长辈对孩子的美好期许。而精致巧妙的红包包装则更是让人体会到了这种仪式感的魅力所在。

一款会动的儿童压岁红包包装（见图5-19），巧妙地利用光栅动画的原理，在消费者抽拉红包的时候，光栅动画瞬间施展魔力，锦鲤、牡丹花、金元宝等形象犹如动画一样动起来了，分别出现"年年有余""花开富贵""招财进宝"的动画效果，瞬间让新春祝福"活"了起来。设计师以传统图案为灵感对红包上的图形进行设计，在色彩上则使用了高饱和度的对比色，展现出极致的东方美学。该款红包在包装设计上兼具互动性和国风特色，能让领红包的人真切地感受到祝福者的用心和真诚。

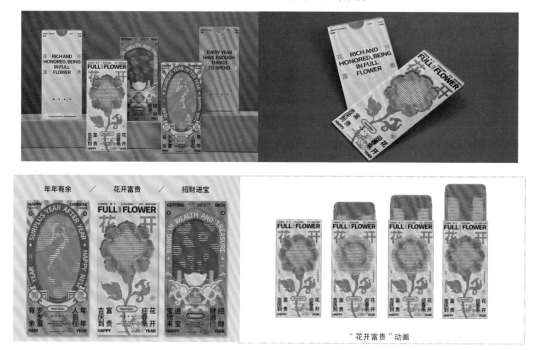

图 5-19　会动的儿童压岁红包包装

5.2.2　儿童榫卯玩具包装

2500年前战国时期的木匠鼻祖鲁班发明了榫卯技术。榫卯是一种中国传统建筑、家具及其他器械的主要结构方式，是在两个构件上采用凹凸部位相结合的一种连接方式。凸出部分叫榫（或榫头）；凹进部分叫卯（或榫眼、榫槽）。其特点是在物件上不使用钉子，利用榫卯结构加固物件。由简单的拼插积木延展到榫卯结构，再到复制传统建筑，儿童榫卯玩具具有了更深远的意义。而相应的包装也是如此。

例如清式坤宁门斗拱积木，其还原了清代建筑装饰艺术表现出的工匠巧思妙想与中国传统建筑的形式美感，传承了东方建筑文化。其包装在图形设计上采用国风插画，将故宫坤宁门刻画出来，线条丰富细腻；在色彩上大面积使用了蓝色，与精致复杂的插画形成强烈的对比，使整个画面的配色、构图、元素都透露着中国风的美。同时也展现了榫卯结构建筑独特的魅力（见图5-20）。

图 5-20 清式坤宁门斗拱积木包装

5.2.3 英雄钢笔套装包装

始创于 1931 年的钢笔国民品牌"英雄",推出了民族英雄史诗联名系列产品,掀起了一股国潮风。该系列共有 3 款联名套装,它们分别是格萨尔礼盒、江格尔礼盒、玛纳斯礼盒。

以格萨尔礼盒为例,其整款包装都以藏族英雄人物格萨尔王为设计主体,在色彩上选用了代表阿须草原的绿松石色为主体色彩。礼盒内含定制钢笔、经典墨水、PU 笔套、金属镂空书签,格萨尔王的元素印刻于文具之上,精致而又高雅,让使用者的思绪跃然笔尖上。包装礼盒结构采用了古籍式翻盖设计,封面图案也以绿松石色为背景色,用金色线条勾勒出格萨尔王的剪影。设计师还运用剪纸元素,以六层立体纸雕,结合当代美学的表达方式,讲述了格萨尔王奇幻的英雄事迹(见图 5-21)。

图 5-21 英雄钢笔格萨尔礼盒包装

5.2.4 儿童汉服折纸玩具包装

汉服是传承千年的中华优秀传统文化的代表之一。现在越来越多的年轻人钟爱汉服，穿着汉服的人也成了大街小巷的亮丽风景线，汉服重新焕发了生机。儿童汉服折纸玩具则在纸上掀起了国潮风，让儿童学习到了中华优秀传统文化。儿童通过做一做、折一折就可以亲身感受独具特色的汉民族服饰风貌，领略汉民族传统服饰的魅力。

图 5-22 所示的儿童汉服折纸玩具包装在设计上十分有特色，其采用了汉服交领开合的结构设计。图形上选取了明代二品赐服——飞鱼服的蓝底配金色四爪飞鱼纹，领口处有花卉暗纹点缀，象征着这套服装穿着者的荣耀和地位。整款包装如同一件汉服，可以左右打开，领口处有隐形磁铁，方便收纳；打开后内有一本关于汉服的讲解书（其对每款汉服进行了详细的介绍），一本折纸说明书，以及 5 个朝代的 10 款精美汉服材料包。折好后的汉服作品可以当作书签，也可存放于相框内作为工艺品展示。

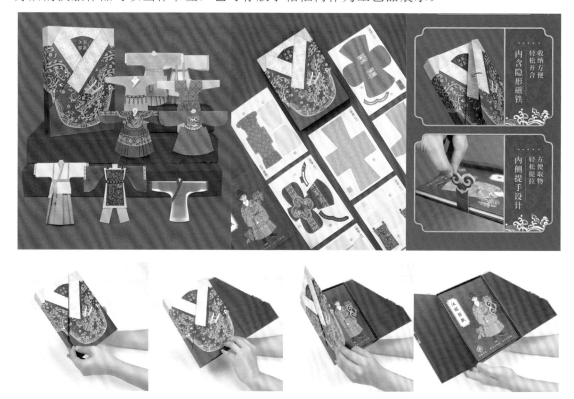

图 5-22　儿童汉服折纸玩具包装

5.2.5　3D 国风冰激凌包装

近年来，国潮元素多见于非食品类产品中，其在食品类产品上的应用则主要集中在春节、端午、中秋等传统节庆礼盒的设计上，与产品本身的关联并不密切。这对产品包装设计提出了更自由但也更高的要求。设计师可以相对脱离产品本身而发挥自己的能力，将国潮元素以更加惊艳的方式体现在产品包装上。

市面上出现了取材于古代建筑的瓦片造型、三星堆博物馆复刻的青铜文物面具造型成功的冰激凌之后，国潮风又找到了一个绝佳的落点。德氏和沈阳故宫联名推出了 3D 国潮风冰激凌——"凤凰楼轻牛乳冰激凌"，设计师利用 3D 技术将沈阳凤凰楼的围廊台阶、飞檐斗拱精雕于轻牛乳冰激凌上，重现一砖一瓦的逼真细节，使人感受到沈阳故宫的历史文化韵味。其包装则将摄影图片作为宣传主图，将乳白色的冰激凌放在清爽的淡蓝色背景上，让人在视觉上就已有清凉、宁静、解暑降温之感；书法体的品牌名称体现了国潮风，与产品风格相呼应（见图 5-23）。

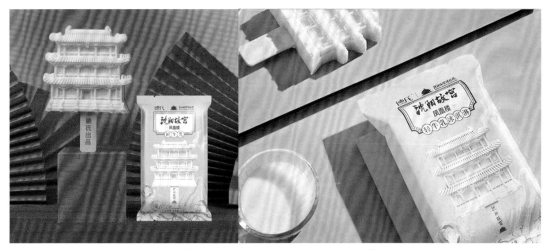

图 5-23　3D 国潮风冰激凌包装[①]

5.2.6　国家宝藏盲盒玩具包装

手拿各种工具，发现一件古文物，是每个心怀考古梦的儿童想象的情景。国家宝藏联名"你好历史"共同研发的国宝 1 号著名宝物考古盲盒玩具，就很好地满足了儿童的考古好奇心。在国宝 1 号系列玩具中，共有 9 件著名宝物作为挖掘的树脂"文物"，还有挖掘工具、游戏说明书、贴纸等。其包装（见图 5-24）采用马口铁材质，斑驳的暗红色箱子上印着大大的"国家 1 号"主题字，十分醒目，还贴着各种警示语与空运贴纸，仿佛这个箱子是直接从考古现场空运到儿童手里一样，透露着十足的新鲜感与神秘气息。这款趣味十足的考古盲盒玩具包装实现了知识科普与考古体验的结合，有助于儿童了解中华文明，与历史对话。

---

① 图中产品包装上的"冰淇淋"字样错误。

图 5-24　国宝 1 号著名宝物考古盲盒玩具包装

5.3　文创主题儿童产品包装案例赏析

　　"文化创意（简称文创）产业"一词最早出现在中共中央办公厅、国务院办公厅联合发布的《国家"十一五"时期文化发展规划纲要》（2006）中。《北京市文化创意产业分类标准》（2006 年）首次明确了"文化创意产业"一词的含义。该标准强调："文化创意产业是紧密联系的产业集群，以创作、创造和创新为根本手段，以文化内容和创意成果为核心价值，以知识产权实现或消费为交易特征，为社会公众提供文化体验的具有内在联系的产业集群。"文化创意产业蓬勃发展，已经成为一些地方经济发展的重要支柱。

5.3.1　故宫文创包装

　　随着故宫博物院和北京广播电视台出品的文化节目《上新了·故宫》的播出，以及故宫文创产品的大热，故宫博物院的文创产品受到了大众越来越多的关注，从纸胶带、翠玉白菜伞到朝珠耳机等，独到的创意设计与人们的生活紧密相连。故宫文创产品的设计理念不只是在创意层面上的发挥，更多的是沿着故宫的历史脉络，发掘深藏其中的"故宫文化"元素来进行弘扬与传播。自从故宫 IP"翻红"以来，与其联名创作就成为很多品牌的追求，而这些联名产品一经推出就广受市场追捧。

1. 故宫瑞兽笔袋包装

故宫瑞兽笔袋寄寓了大吉大利、"逢考必过"的美好祝福。其包装采用不怕磨损、易清洗的尼龙材质，可以容纳30多支铅笔；其图案的设计灵感来源于故宫各处的麒麟、宝象、神鳌形象，以工笔画的形式加以表达；根据 3 种经典神兽的寓意，笔袋上有"麒麟才子""太平宝象""独占鳌头"吉语；在色彩上也分别采用大红、皮粉、藏蓝 3 种配色，其纹路栩栩如生，质感细腻，给人以喜庆吉利之感（见图 5-25）。

图 5-25 故宫瑞兽笔袋包装

2. 吉语铅福筒套装包装

图 5-26 所示的是吉语铅福筒套装包装，设计师巧妙地利用"铅"与"签"的谐音，签筒即笔筒，签身即笔身，使文具具有了迎祥纳福的寓意。设计师还选取古典好词作为祝福语，如"状元及第""甲第迎祥""陶朱媲美"等，刻在笔身上；在色彩上选用"上红下黄"的设计，红色寓为"彩头"，黄色寓为"吉祥"；笔身纹样设计取自乾隆御用的"黄纱绣彩云金龙单龙袍"，喜庆祥和的古典意味贯穿全笔。其笔筒设计为圆筒形，筒身上的纹路设计取自稀有名瓷"故宫藏雍正青花海水龙纹瓶"上的"流水落花纹"；筒盖只要轻轻一按，筒内的铅笔就会自动弹出，具有便利性；与此同时，筒盖还被设计成一个微型计算器；而筒底设有可弹出的透明小盒，可放置橡皮、胶带或铅笔碎屑，可谓功能齐全，巧思满满。

图 5-26　吉语铅福筒套装包装

3. 紫禁万象书签套装包装

紫禁万象书签套装共包含 3 枚不同故宫建筑的金属书签。其以故宫博物院藏"北京城中轴线古建筑实测图"为灵感，选取了实测图中的太和殿、中和殿、保和殿、午门等测绘图为设计灵感，结合日、月、星辰等元素，呈现出北京城中轴线上建筑的壮美景象。其包装（见图 5-27）采用上下盒盖式结构，以深邃的黑色为背景色，搭配金色星球图案，造型别致精美；打开盒盖呈现的是金色立体纸雕的镂空设计，四周璀璨宇宙的雕刻图案与中间的金属书签层叠交错，将浩瀚大观尽收眼底。这些精美的书签不仅可以使阅读更加有趣和愉悦，还能让儿童接受关于故宫建筑文化的熏陶。

图 5-27　紫禁万象书签套装包装

4．月令花系列积木之梅花款包装

月令花系列积木之梅花款的造型借鉴于清人画《乾隆皇帝是一是二图》中梅花盆景的形态。梅花枝干的形态与文物一致，采用了棕红色，其枝丫蜿蜒向上，粉红色的花朵点缀其间，生动非凡、富有灵动感，可谓栩栩如生。该款积木的包装（见图 5-28）在图形设计上采用了梅花形镂空花窗的造型，淡黄色的外包装镂空处露出了深咖色的内包装，显得古朴而典雅，让人感觉仿佛是在透过院墙上的窗户遥看这株梅花盆景，欣赏其"凌寒独自开"的孤傲品质。

图 5-28　月令花系列积木之梅花款包装

5．故宫海错图 U 型枕包装

古往今来，鱼的形象都蕴含着美好的祝福，故宫海错图 U 型枕的 3 款造型分别来自《海错图》中的四腮鲈鱼、刺鲀和红鱼，它们体态圆润，卷绕成圈的形态，与圈绕在脖子上的 U 型枕十分贴合。其包装（见图 5-29）也采用了大 U 型开窗，刚好可以露出产品，红、蓝的大色块背景配上珊瑚礁图案，好像鱼儿快活地在水里畅游；包装右下角印有《海错图》书中鱼的原本形象，透露出产品的灵感来源；另外包装上还设有提手，方便拿取。

图 5-29　故宫海错图 U 型枕包装

6. 故宫神龙说字儿童玩具包装

故宫神龙说字儿童玩具是专为处于识字敏感期的儿童所设计的。其通过故事绘本、闯关题卡、小剧场及创意画板相结合的形态，打造了"读、学、练、玩"体系，形成了"输入加输出"的大语文学习闭环，并加入了动画、科普故事视频等丰富的线上内容，全面立体地带领儿童了解汉字、历史与中国传统文化等相关知识。

故宫神龙说字儿童玩具包装（见图 5-30）本身就是产品的一部分，它采用盒盖、盒身一体式结构，单手开合，一秒收纳，十分便于儿童操作；其在色彩上采用明亮的黄色为背景色，盒盖上的 4 个标题文字"神龙说字"进行了图形化设计，将神农、神龙、孩童等卡通元素与文字结合，符合儿童的认知与审美；打开盒盖后，儿童即可用其背面进行小剧场表演，还可以涂鸦绘画；盒身内可存放绘本、贴纸、磁力贴等产品，可谓是一盒多用。

图 5-30　故宫神龙说字儿童玩具包装

5.3.2　大英博物馆文创包装

大英博物馆是英国最大的综合性博物馆，也是世界上最大的博物馆之一。其不少"镇馆之宝"被设计成形式多样的文创产品，如古埃及青铜猫坐像"盖亚-安德森猫"、罗塞塔石碑、刘易斯棋等，深受人们欢迎。

1. 儿童旋转万花筒玩具包装

一款设计灵感来源于盖亚-安德森猫的儿童旋转万花筒玩具，通体采用黑色加烫金工艺，勾勒出盖亚-安德森猫的形象及罗塞塔石碑文字。儿童可以旋转底部芯盒，透过镜子欣赏变化无穷的金色花纹。如图 5-31 所示，其包装盒盖采用了 PVC 材料，透明的盖子露出产品及精致的烫金图案，四周辅以金色线框，使其就像是放在博物馆内的藏品一般，散发出神秘的气息。

图 5-31 儿童旋转万花筒玩具包装

2. DIY 特洛伊头盔扮装玩具包装

DIY 特洛伊头盔扮装玩具的设计灵感来源于大英博物馆的藏品"螺旋形双耳调酒陶缸"及"黑绘双耳陶罐"上的图画,还原了古希腊勇士们的头盔样式。这款玩具使用了厚卡纸,简单易上手,儿童只要通过折叠、拼装即可完成作品,不仅可以锻炼他们的动手能力,还能培养手工兴趣;制作完的 3D 头盔还可戴在头上进行角色扮演游戏。如图 5-32 所示,包装采用了与产品同样的厚卡纸材料,尺寸较大且结实,可保护产品,避免其受到折损;包装在色彩上采用了黑色作为背景色,衬托出头盔侧影图案,不同款式的顶部采用了黄、桔、红 3 种不同颜色,从而让消费者从色彩上就能区分出 3 款不同的产品。

图 5-32 DIY 特洛伊头盔扮装玩具包装

153

3. 安德森猫儿童解压笔记本包装

安德森猫儿童解压笔记本的设计灵感也是来自"盖亚-安德森猫",其采用 PU 材料,防水耐磨;封面中间有一只可爱的立体猫玩偶,柔软可捏,为儿童提供了解压的途径;在图形设计上采用了盖亚-安德森猫、猫脚印及荷鲁斯之眼 3 种元素的插画;其主题文字"Bastet"也采用了意象化设计,将字母 e 加上了猫耳朵、猫尾巴。其包装(见图 5-33)采用纸板材料,几乎全开窗的设计,让儿童在货架上一眼就能看到和摸到那个可爱的、柔软的立体猫玩偶,彰显了产品的特色,有利于营销推广;在色彩上采用了全黑底色加金色图案和文字,整体与产品相得益彰。

图 5-33 安德森猫儿童解压笔记本包装

4. 内巴蒙系列书签套装包装

内巴蒙系列书签套装的设计灵感来源于古埃及内巴蒙花园池塘壁画上的人物及植物等元素,设计师将这些元素进行扁平化卡通设计。其包装(见图 5-34)在图形设计上采用相同的设计元素与风格,多巴胺色彩搭配几何图形的插画,既传神地展现了古代文明的特色,又符合现代儿童的审美;包装在中间部分设计了开窗镂空,露出里面的 4 枚金属书签及背景图案,仿佛重现了壁画的原貌。

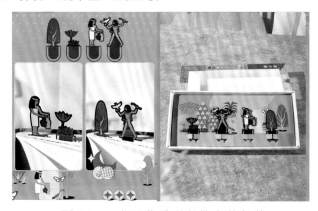

图 5-34 内巴蒙系列书签套装包装

图 5-34　内巴蒙系列书签套装包装（续）

5.4　拓展阅读书目推荐

《故宫三书》（活字文化，广西师范大学出版社）。

5.5　思考与练习

1. 请选择一款儿童产品包装，并谈谈它的优缺点。
2. 请谈一谈国外的儿童产品包装设计有哪些值得我们学习与借鉴的地方。
3. 如果让你用国潮风设计一款儿童产品包装，你会选择什么样的元素去表达？

第6章　优秀儿童产品包装设计欣赏

| 导读

　　通过对本书内容的学习,学生应能够针对市场上某一类现有儿童产品及其包装进行深入的调研,掌握儿童产品包装设计的基本表现技法与设计方法;通过课程实践,学生能根据产品的特点设计制作出既美观又具有实用价值的包装,如儿童玩具包装、儿童日用品包装、儿童文具包装及儿童食品包装等,为今后的设计实训课程打下扎实的理论基础。

　　本章以优秀儿童产品包装设计作为全书总结,通过一个个具体而鲜活的包装设计作品来为本书所提供的各种相关理论、设计方法进行实操演示。

主要内容	本章重点
■ 儿童玩具包装	■ 儿童玩具包装
■ 儿童日用品包装	■ 儿童日用品包装
■ 儿童文具包装	■ 儿童文具包装
■ 儿童食品包装	■ 儿童食品包装

本章提到的儿童产品包装设计作品为浙江师范大学儿童发展与教育学院动画专业（儿童动漫衍生产品设计方向）的学生在《儿童动漫产品包装设计》课上所设计的，由任佳盈老师指导完成。设计作品按照儿童玩具包装、儿童日用品包装、儿童文具包装、儿童食品包装分别进行展示。

每个设计作品由一名或多名学生在为期 5 周的课程中完成，最终以包装成品结课。以下为具体课程作业要求。

课程作业要求

1. 脑的练习

① 以 1 人或 2 人一组为单位，选择市场上现有的某一类儿童产品，为其设计包装，按具体要求完成设计方案，形成设计图纸。

② 图形设计风格：中国传统风、国潮风、搞笑 Q 版、黑金魔幻、创意新型、涂鸦……

2. 手的练习

① 将平面图形转化为成品模型。通过设计表现出材料的多样性、造型的多变性，尽力展现创意性。

② 包装设计要求成系列化：先进行平面图设计（CDR、AI、PS），包装成品须包括各种平面图形设计、A2 海报 1 张（附 KT 板、哑膜）、标签若干张（打孔穿绳）、设计说明（WORD 电子版，可拉合页）、系列包装盒（彩色含 Logo，包括小中大号）、纸袋子。

以下作品均为学生在校期间完成的原创儿童产品包装设计作品，已征得学生同意在本书中展示，他人不得用于其他商业用途，违者必究（作品根据类别按年级先后顺序排列）。

6.1 儿童玩具包装

6.1.1 海洋宝宝

产品对象： 海洋宝宝

设计说明： 因为海洋宝宝是以水为"养分"的，吸水越多，体积越大，好似海洋的"孩子"，所以该玩具包装设计以海洋为灵感来源，将海浪和泡泡作为图形设计元素，较为完美地与产品本身形成呼应；同时也呼吁人们保护海洋环境和循环利用水资源。

色彩说明： 整体以蓝、白两色为主色调，给人一种宁静、祥和的感觉。

造型说明： 该包装采用卡纸与木材结合的方式，运用激光雕刻技术，在木板上刻出具有层次感的海浪与红日造型，极具艺术感。

设计者：浙江师范大学儿童发展与教育学院动画专业（儿童动漫衍生设计方向）
2014级斯珂琦、郑心安

6.1.2 儿童传统乐器

产品对象： 儿童传统乐器

设计说明： 包装以传统剪纸和吉祥花纹为设计元素；其抽屉式开合方式，方便儿童抽取与存放玩具，搭配中国结拉手，更体现出玩具的传统民族风格；除了收纳玩具，包装还可作为装饰盒使用。

色彩说明： 包装采用浅黄色配红色，具有复古韵味。

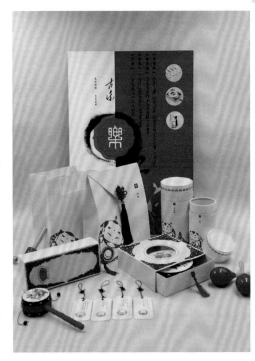

造型说明： 包装采用纸质材料，分为方形抽屉盒、圆柱筒、信封式手提袋 3 种形式；正方形抽屉盒设计圆形镂空开窗，取自"天圆地方"；而长方形抽屉盒上设计的镂空则形似扇形的园林窗户，颇具古韵；圆柱筒上印着两个手拿玩具的可爱剪纸娃娃，童趣十足。

设计者：浙江师范大学儿童发展与教育学院动画专业（儿童动漫衍生设计方向）
2014 级鲁玲瑶、贺倩俏、夏璨

6.1.3　兔儿爷泥塑

产品对象： 兔儿爷泥塑

设计说明： 包装以剪纸、年画和版画为设计元素；包装上的插画内容为人们在祭拜兔儿爷的时候会进行的传统活动，如赏菊、赏月、摘石榴、放荷灯、喝桂花酒等；包装上还添加了毛笔字、甲骨文、印章等元素来丰富画面，突出传统特色。

色彩说明： 包装大部分采用宣纸颜色，小部分选用黑色，形成强烈的装饰风格。

造型说明： 包装在材料上采用卡纸结合牛皮纸，通过方盒、纸袋的形式加以呈现，具有古朴感，切合玩具的主题。

设计者：浙江师范大学儿童发展与教育学院动画专业（儿童动漫衍生设计方向）2015级赵嘉汶

6.1.4 拼豆

产品对象： 拼豆

设计说明： 包装在图形设计上采用不同表情的人物形象来展现儿童玩拼豆时的各种让人忍俊不禁的趣味表情；像素风格的插画，突显了拼豆玩具的拼装特性，呼应了主题。

色彩说明： 整体以多种糖果色进行搭配，表达了拼豆玩具颜色丰富的特性，也传达了让思维自由发散的产品理念。

造型说明： 包装采用多层旋转式抽屉的结构设计，可以用来分装不同颜色的拼豆与工具。

设计者：浙江师范大学儿童发展与教育学院动画专业（儿童动漫衍生设计方向）2016级周涵

6.1.5 布老虎

产品对象： 布老虎

设计说明： 包装以老虎形象为设计元素，重点刻画了老虎的眼睛与嘴巴，突出了浓郁的传统特色。

色彩说明： 包装运用红色、黄色、紫色，显得分外热闹与喜庆。

造型说明： 包装采用纸质材料；产品大小不同，包装规格也不同；包装的开口仿照老虎的嘴巴，设计成翻盖结构，既方便实用又呼应了产品主题。

设计者：浙江师范大学儿童发展与教育学院动画专业（儿童动漫衍生设计方向）
2016级谢凌云

6.1.6 小黄鸭

产品对象： 小黄鸭

设计说明： 包装上半部分的小黄鸭脑袋图形，正好与下半透明部分展示出的产品小黄鸭的身体相结合，组成一只完整的小黄鸭；包装还为小黄鸭设计了各种可爱的帽子，丰富并拓展了产品本身的价值，激发儿童对于各种职业的想象。

色彩说明： 黄色与蓝色的撞色设计，产生了强烈的视觉冲击，让人仿佛看到了小鸭子在水中嬉戏。

造型说明： 透明的包装盒底部可作为盛放小黄鸭的器皿，并且内附吸盘，可以随意吸在浴室壁等光滑平面上，十分实用。

设计者：浙江师范大学儿童发展与教育学院动画专业（儿童动漫衍生设计方向）2017级冯晨

6.1.7 高达模型

产品对象： 高达模型

设计说明： 包装以高达及其吉祥物 Haro 为设计元素，漫画插画使产品具有年代感。

色彩说明： 包装以牛皮纸色和黑色为主色调，以少量彩色色块作为点缀。

造型说明： 包装使用了体现复古感的牛皮纸；包装拆开后就是一个带背景的展示台，可做产品陈列之用。

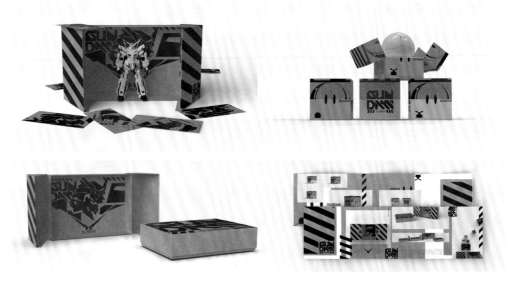

设计者：浙江师范大学儿童发展与教育学院动画专业（儿童动漫衍生设计方向）
2017 级许文宇

6.1.8 合金汽车模型

产品对象： 合金汽车模型

设计说明： 包装以汽车入库为设计灵感，每个包装的正面和侧面都印上了汽车的剪影，儿童只需要通过识别剪影便可以挑选到自己想要的汽车模型。

色彩说明： 包装有两个色系。一为怀旧的绿色，辅以断点线，营造出牛仔布的效果，有很强的年代感；二为新颖的蓝色，配合简洁的线条，展现极简的审美风格，寓意着展望未来。

造型说明： 包装被设计成车库的形状，包装顶面设计成弧形，使其看上去更像一个车库；包装采用抽拉式开合方式，方便儿童拿取。

设计者：浙江师范大学儿童发展与教育学院动画专业（儿童动漫衍生设计方向）
2017级王昊天

6.1.9 绢人娃娃

产品对象： 绢人娃娃

设计说明： 包装以绢人的服饰配色及花纹图样为设计元素；以戏曲舞台上的"出将"形式为灵感，设计了开窗结构，使绢人可以从这个开窗中展示出来，在一定程度上还原了传统戏曲风格。

色彩说明： 包装采用红、粉、蓝 3 种色调，分别代表了不同的人物形象，其中，红色的是绢人杨玉环，尽显富贵奢华，粉色的是绢人李香君，显得可爱俏皮，蓝色的是绢人崔莺莺，给人以温婉娴静的感觉。

造型说明： 包装上有八边形开窗，拨动内侧的金属片可以看到包装里面的绢人；金属片上设有"出将"标识，具有较高的可玩性，也展示了中华传统文化的魅力。

设计者：浙江师范大学儿童发展与教育学院动画专业（儿童动漫衍生设计方向）2017 级王琴茜

6.1.10 竹节跳绳

产品对象： 竹节跳绳

设计说明： 包装设计的灵感来源于民族服饰，共选取了满族、白族、蒙古族、汉族 4 个民族的经典头饰；而手提袋则以相应的民族服饰为设计元素，与包装相得益彰。儿童在购买跳绳的同时，还可以领略到传统文化的魅力。

色彩说明： 包装采用了马卡龙色系，整体搭配协调、色彩丰富，容易吸引儿童的目光。

造型说明： 包装巧妙地将跳绳的绳结部分与头饰穗子进行结合；在取出跳绳后，儿童还可以头戴由包装制成的民族头饰进行角色扮演，实现产品包装的二次利用。

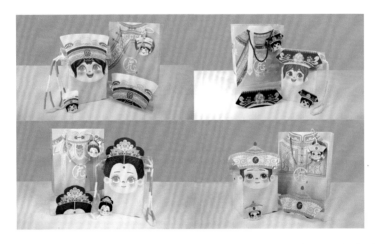

设计者：浙江师范大学儿童发展与教育学院动画专业（儿童动漫衍生设计方向）
2019 级黄雯洁、凌景宜

6.1.11 巧虎月龄盒

产品对象： 巧虎月龄盒

设计说明： 包装以中国二十四节气为主题，从二十四节气的习俗与节气诗中的意象中提取设计元素，整体应用了扁平、简洁化的几何图形。

色彩说明： 包装以 1—3 月节气的绿色为主色调，其他色彩做点缀。

造型说明： 包装内含巧虎月龄盒、玩具盒、父母用书、陪伴小夜灯、育儿手账、卡片等；包装盒采用了简洁的正方体造型，配套的手提袋也是与之相应的造型。

设计者：浙江师范大学儿童发展与教育学院动画专业（儿童动漫衍生设计方向）2019级杨子辰

6.2 儿童日用品包装

6.2.1 儿童安抚灯

产品对象： 儿童安抚灯

设计说明： 包装的整体风格清新可爱，将卡通图案独角兽和霸王龙与骨头、星星、彩虹等元素结合进行设计；包装还可用来收纳物件，且有装饰作用；在图形设计上，独角兽的角、霸王龙的尾巴与手提袋的提绳相结合，充满童趣。

色彩说明： 包装采用了粉红、浅蓝两种柔和的色彩，以达到安抚儿童情绪的效果。

造型说明： 包装分别采用三棱锥、四棱锥造型，其灵感来源于灯塔和房子，意在营造温馨的氛围；独角兽的包装上设计了不织布材料的翅膀，霸王龙的包装上设计了尾巴，分别与两种动物的形象相呼应。

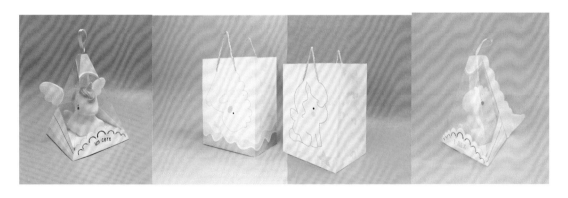

设计者：浙江师范大学儿童发展与教育学院动画专业（儿童动漫衍生设计方向）
2016级付现荣

6.2.2 儿童咬咬乐

产品对象： 儿童咬咬乐

设计说明： 包装以守护儿童的小天使为主要造型元素，其可爱的牙齿与各种趣味表情相结合，既有装饰作用，又体现了该产品的功能；包装提取两种产品本身——小马与奶嘴的轮廓作为主图形，并选取大小不等的波点元素，进行点缀；其两侧用不织布制成的翅膀也是一大亮点。

色彩说明： 包装采用了两种产品本身的原色，温柔的粉、蓝色为主色调，体现了对儿童的细心呵护。

造型说明： 包装采用了厚铜版纸，并用不织布及丝带作为点缀，整体呈现出卡通形象的可爱姿态。

设计者：浙江师范大学儿童发展与教育学院动画专业（儿童动漫衍生设计方向）
2016级金俊宏、黄仕玲

6.2.3 儿童餐具

产品对象： 儿童餐具

设计说明： 包装以黑白线稿为主，展现了4款儿童所喜爱的动物卡通形象；当餐具被取出后，儿童可以用水彩笔在包装上进行涂鸦，发挥想象力，创造出专属自己的涂鸦玩具。

色彩说明： 包装以黑白色为主色调，呈现出简洁的风格。

造型说明： 包装模仿复古摩登的收音机造型，传达出儿童在使用该餐具进食时，就像在享受一段美妙音乐的意境。

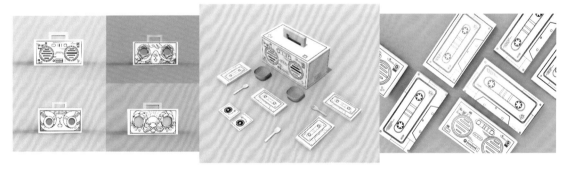

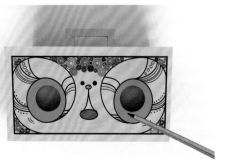

设计者：浙江师范大学儿童发展与教育学院动画专业（儿童动漫衍生设计方向）2017级王晓玉

6.2.4 儿童安抚巾

产品对象： 儿童安抚巾

设计说明： 包装共分为两个系列，分别为"动物园"和"梦想家"，相应地，在图形设计上采用了一系列动物、人物的形象插画；"动物园"系列能帮助儿童认识动物，"梦想家"系列则展示了孩子心中不同的梦想。

色彩说明： 包装采用了柔和淡雅的色彩，从色彩上给予儿童心灵抚慰。

造型说明： 包装采用了彩印的长方体造型；其正面是一系列动物和人物形象；正面上半部分设有开窗，用于展示产品，但又巧妙地与包装上各种形象插画融合在一起。

设计者：浙江师范大学儿童发展与教育学院动画专业（儿童动漫衍生设计方向）2017级滕引儿

6.2.5 儿童牙膏

产品对象： 儿童牙膏

设计说明： 包装在图形设计上采用了 5 款露牙微笑的卡通动物形象，分别对应一种口味的牙膏。

色彩说明： 包装采用了撞色设计，内部牙膏管与包装颜色相呼应，彼此和谐生动，又充满童趣。

造型说明： 包装采用上宽下窄的几何造型；包装选用了遇水显色的特殊材料，能让儿童用水为卡通动物们清洁牙齿，让它们露出干净的牙齿，从而让儿童与产品之间产生互动，让其对刷牙感兴趣。

设计者：浙江师范大学儿童发展与教育学院动画专业（儿童动漫衍生设计方向）2017 级吴梦蝶

6.2.6　儿童爽身粉

产品对象： 儿童爽身粉

设计说明： 包装在图形设计上采用了韩式插画风格，整体干净、清新，贴合了爽身粉的特性。

色彩说明： 包装以淡色系为主色调，色彩清新，给人一种自然、淡雅、清香的感觉。

造型说明： 包装采用六边形造型，从而区别于传统包装的样式，给人以新鲜感；不同规格的包装对应不同容量的产品。

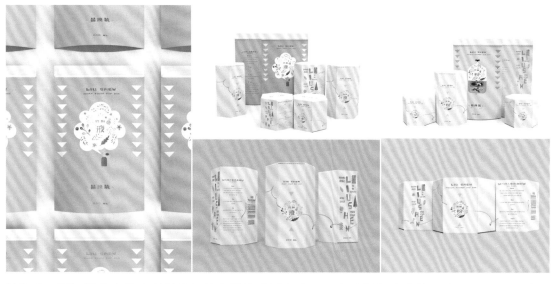

设计者：浙江师范大学儿童发展与教育学院动画专业（儿童动漫衍生设计方向）2017级汪嘉欣

6.3 儿童文具包装

6.3.1 儿童油画棒

产品对象: 儿童油画棒

设计说明: 包装内部结构设计使得油画棒按色系排列,方便儿童分辨颜色;在外包装盒上开孔,使儿童在打开包装的过程中看到图案变化,增加了趣味性。

色彩说明: 包装将黑色纸盒与白色文字相结合,通过无色系颜色与有色系颜色的对比,使油画棒的颜色更加突出,也更显高档。

造型说明: 包装采用双向抽拉式的长方体纸盒和天地盖式的圆柱体纸盒两种包装形式,造型搭配合理,也便于儿童使用。

设计者:浙江师范大学儿童发展与教育学院动画专业(儿童动漫衍生设计方向)2015级黄琛晨

6.3.2　儿童彩铅

产品对象： 儿童彩铅

设计说明： 包装整体以彩铅为设计元素，"笔身"即包装筒，筒身上方的四面各有一款由铅笔屑与简笔画组合而成的卡通形象，既可爱又点题。

色彩说明： 包装以人类4种基本情绪为理论基础，以色彩来代表情绪。其中，红色代表愤怒；黄色代表开心；蓝色代表悲伤；绿色代表恐惧。4种颜色搭配水彩渲染渐变效果，使包装显得雅致而又有设计感。

造型说明： 4种颜色的包装组合在一起就是一个完整的圆柱体彩铅，分别用笔头和笔尾固定，这个造型不仅生动有趣，而且具有一定的互动性。

设计者：浙江师范大学儿童发展与教育学院动画专业（儿童动漫衍生设计方向）2016级院塬

6.3.3 儿童马利颜料

产品对象： 儿童马利颜料

设计说明： 包装的设计灵感来源于吸吸乐饮料，其不仅易于携带而且方便使用，不容易弄脏儿童的手；在图形设计上选用拟人化的可爱的水果形象来吸引儿童的关注。

色彩说明： 包装在色彩上分为冷暖2组，共8种颜色，不同的水果匹配不同的颜色，便于儿童识别。

造型说明： 包装采用吸吸乐饮料造型，不仅能较好地实现保护、运输产品等基本功能，而且创意新颖，容易吸引儿童眼球。

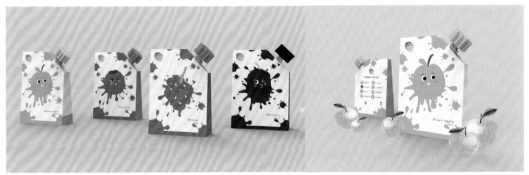

设计者：浙江师范大学儿童发展与教育学院动画专业（儿童动漫衍生设计方向）2017级杜佩佩

177

6.4　儿童食品包装

6.4.1　儿童汉堡包

产品对象： 儿童汉堡包

设计说明： 包装采用了儿童喜爱的小怪兽形象，包装上方进行圆润化设计，并加上圆圆的牙齿，打破了边缘的僵硬感，同时还增添了汉堡包等特色装饰，易于吸引儿童眼球。

色彩说明： 包装在色彩上使用了多种鲜艳活泼的颜色，具有促进儿童食欲的作用。

造型说明： 包装中段采用开窗设计，将内部的汉堡展现出来，使得整体像一个小怪兽在吃汉堡，造型新颖别致，充满了童趣。

设计者：浙江师范大学儿童发展与教育学院动画专业（儿童动漫衍生设计方向）
2018级刘家丁、廖紫岑

6.4.2 儿童糖果

产品对象: 儿童糖果

设计说明: 包装灵感来源于儿童背包;儿童在吃完糖果后还能将其作为背包使用,大大延长了包装的使用寿命。

色彩说明: 包装采用马卡龙色系,色彩亮丽,符合儿童的审美。

造型说明: 包装采用了 3 种形式,分别为手提包、糖果包、水桶斜挎包;它们小巧而别致,让儿童过目难忘,爱不释手。

设计者:浙江师范大学儿童发展与教育学院动画专业(儿童动漫衍生设计方向)
2018级温燕香、孙秋爽

6.5　拓展阅读书目推荐

1.《全球趣味包装设计经典案例》（刘杨、袁家宁，中国画报出版社）。

2.《全球品牌包装设计经典案例》（刘杨、袁家宁，中国画报出版社）。

6.6　思考与练习

1.按照课程作业要求，选择一款你感兴趣的儿童产品包装，并运用所学的设计方法，进行设计改造。

2.试着给你的儿童产品包装设计作品制作一段视频，让观者更清楚你的设计意图。

参 考 文 献

[1] 王雅雯. 包装设计原则与指导手册[M]. 北京：人民邮电出版社，2023.

[2] 邓嘉琳，熊翼霄，任泓羽. 包装创意设计研究 [M]. 长春：吉林大学出版社，2020.

[3] 柯胜海. 智能包装设计研究[M]. 南京：江苏凤凰美术出版社，2019.

[4] 马赈辕. 解构包装[M]. 北京：化学工业出版社，2022.

[5] 金洪勇，王丽娟，李晓娟. 包装设计与制作[M]. 上海：同济大学出版社，2020.

[6] 陈根. 包装设计从入门到精通[M]. 北京：化学工业出版社，2018.

[7] 瞿颖健. 包装设计基础教程[M]. 北京：化学工业出版社，2022.

[8] 陈根. 决定成败的产品包装设计[M]. 北京：化学工业出版社，2017.

[9] 李芳. 商品包装设计手册[M]. 北京：清华大学出版社，2016.

[10] 秦金亮. 儿童发展概论[M]. 北京：高等教育出版社，2008.

[11] 刘晓东. 儿童教育概论新论[M]. 2 版. 南京：江苏教育出版社，2008.

[12] 任佳盈，何玉龙. 儿童动漫衍生产品设计[M]. 北京：电子工业出版社，2022.

[13] 朱智贤. 儿童心理学[M]. 6 版. 北京：人民教育出版社，2018.

[14] 方富熹，方格，林佩芬. 幼儿认知发展与教育[M]. 北京：北京师范大学出版社，2003.

[15] 皮亚杰. 发生认识论原理[M]. 王宪钿，译. 北京：商务印书馆，1981（6）：23-28.

[16] 韩国色彩研究所. 儿童色彩教育[M]. 宗黎娟，译. 北京：电子工业出版社，2009.

[17] 张佳宁，谭一. 儿童产品包装设计的附加功能之探讨[J]. 包装工程，2012，33（14）：
     80-83.

[18] 黄新. 基于学龄儿童认知特点的益智性文具包装设计[D]. 株洲：湖南工业大学，2020.

[19] 白银. 基于儿童认知特点下的趣味性包装设计研究[D]. 成都：西南交通大学，2012.

[20] 李晓瑭. 儿童玩具包装设计研究[D]. 株洲：湖南工业大学，2008.

[21] 黎英. 两宋包装设计艺术研究[D]. 株洲：湖南工业大学，2009.

[22] 康明. 掺杂 ZnO 红色光致发光材料的研究[D]. 成都：四川大学，2005.

[23] 云珊. 公共图书馆文化创意产业跨界合作研究[D]. 沈阳：辽宁大学，2020.

[24] 张云帆，王安霞，李世国. 交互设计理念在包装设计中的应用[J]. 中国包装，2007，27（6）：31-32.

[25] 刘俊宏. 儿童产品包装设计研究[J]. 工业设计，2022（3）：64-66.

[26] 郑含. 情感教育的理论与实践探索——评《教育中的情和爱——儿童、青少年情感发展与教育研究 40 年》[J]. 中国教育学刊，2020，323（03）：144.

[27] 任佳盈. 基于学前儿童数感发展的数独棋设计[J]. 装饰，2022（11）.

[28] 王海滨，刘树信，霍冀川. 无机热致变色材料的研究及应用进展[J]. 中国陶瓷，2006，42（4）：11-13.

[29] 姜尚洁，黄俊彦. 现代食品包装新技术——活性包装[J].包装工程，2015，36（21）：150-154.

[30] GABRIEL H. C. BONFIM，LUIS C. Paschoarelli. Visualization and Comprehension of Opening Instructions in Child Resistant Packaging[J]. Procedia Manufacturing，2015:13-14.